実践
ヨット用語
ハンドブック

はじめに

　ヨットはどうも難しそうだ。興味はあるけれど取っ付きにくい。こんな声をよく聞きます。
　ほんとうは単純な乗り物なのですが、どうやらヨットの上で使用される用語の難解さに取っ付きにくさを感じる人が多いのではないのでしょうか。

　なぜ、こうまで難解なのか。
　そもそも我が国に西洋の船乗り言葉が入ってきたのはかなり昔のことで、日本古来の船乗り言葉と混ざり合って、独特に変化してきたようです。
　チーフ・オフィサー（chief officer：一等航海士）が「チョフサ」とか「チョッサー」と訛って使われたりするように、船の上だけでしか通じない日本の船乗り言葉ができあがっていきました。
　そして戦後、日本でもプレジャーボートが一般化してきました。
　少ない情報源から新しいヨット用語が国内に広まり、船乗り用語とも相まって、それは狭い世界でさらに独特に進化していきました。ちょうど、コギャルが自分たちにしか分からない言葉を使うように。
　そして近年、ニッポンチャレンジのアメリカズ・カップ挑戦が始まった頃からでしょうか、海外のセーラーと一緒にヨットに乗る機会が増え、彼らの口からまたまた新しいヨット用語が大量に流入してきました。こちらが正しい用法なのかもしれませんが、それが日本独自のヨット用語と混ざり合い、さらにはチームごと、地域ごとに、ちょっとニュアンスを変えながら定着していき、もうなんだか訳が分からない状況になってきているともいえます。初心者ならずとも、ベテランでも、「それなに？」という用語も多いのです。
　ヨットは趣味の世界ですから、用語も自分が乗る船の上でさえ伝わればそれで良いのでしょうが、私自身は文章を書くにあたってそうも言っていられません。

　2005年、舵社から『ヨット、モーターボート用語辞典』が出版されました。帆船時代から続く船乗り用語から造船用語まで、広く詳しく網羅されています。それ以前からあったイギリスの用語辞典『The Sailing Dictionary』（SHERIDAN HOUSE社）とともに、執筆時には常々お世話になっているのですが、ここで一度自分なりに、きわめてローカルなものも含めて現代ヨット用語をまとめてみようと思った次第です。本書は、筆者自身のためでもあるのです。
　ヨットを始めたばかりの人が「なんじゃソレ？」と思ったら、本書を開いてみてください。ベテランの方は、新入りクルーに「これ読んどけ」と本書を紹介してあげてください。で、ご自分でもこれ読んどけば、ヨットの上でも、話は早いというものです。

　ヨット用語も、時代とともに進化、あるいは変化していきます。
　本書も、そんな流れに合わせて改訂していきたいと思っています。

2006年1月5日　高槻和宏

■**本書の使い方**
見出し語の配列は五十音順とした。長音(ー)は、前音の母音の重なりと見なして配列した。中点(・)は配列の考慮に入れない。矢印(→)は参照先を示すものである。

『ヨット、モーターボート用語辞典』(舵社刊)編纂委員会の御厚意で、同書から流用させていただいた用語説明があります。あらかじめお断りしておきます。

あ

アーリー・ポート・ドロップ
[early port drop]
　風下マーク回航における、スピネーカー回収パターンのひとつ。スターボード・タックでアプローチし、早め（early）に左舷側にスピネーカーを降ろしてから、ジャイビングしてマークを回る。
→コンベンショナル・ドロップ、フロート・オフ、キウイ・ドロップ

アール・アール・エス [RRS]
　セーリング競技規則（Racing Rules of Sailing）。ISAF（国際セーリング連盟）が定めた、セーリング競技に関するルール。レース中のヨットが海面で行き合った場合の規定のほか、推進方法など基本的なルールが決められている。オリンピック年を基準に4年ごとに改訂される。国内ではJSAF（日本セーリング連盟）から日本語版が販売されている。
→アイサフ、にほんセーリングれんめい

アール・オー・アール・シー [RORC]
　英国王立外洋帆走クラブ（Royal Ocean Racing Club）。著名な「アドミラルズ・カップ」を開催するほか、世界的なハンディキャップ・ルールであるIRCを制定している。

アイ [eye]
　輪、穴。アイ・スプライスといえば、ロープの端に輪を作るスプライスのこと。アイ・ターミナルといえば、ワイヤやロッドの端に付けるターミナルで穴の開いたもの。アイ・プレートといえば、当て板にU字型の輪を設けた部品。これはパッド・アイとも呼ぶ。対して、当て板のないのがアイ・ストラップ。U字の先端がボルトになっているものはUボルトだが、ボルトの頭がアイになっているものはアイ・ボルトと呼ぶ。

アイ [I]
　マストのデッキレベルから、フォアステイのマスト接合部までの垂直距離。特に上端をアイ・ポイントという。Iは数字の1にも見えるが、1（ワン）ポイントといえば、リーフポイントの1番目。対してこちらはアルファベットのIだ。
→アイ・ジェー・ピー・イー、巻末図

アイ・アール・シー [IRC]
　イギリス発祥のハンディキャップ・ルール。RORCが統括し、2000年から世界各国で使われている。当初、「International Rule 2000」としてスタートし、グランプリ版の「R」と簡易版の「C」を、それぞれIRMとIRCとして発表。IRMはまったく普及していないが、IRCは世界的に広がりつつある。

アイ・エー・エル・エー [IALA]
→イアラふひょうしき

アイ・エム・エス [IMS]

International Measurement System。さまざまなデータと計測を基にヨットの性能を評価し、ハンディキャップを決めるシステム。発祥は米国で、ORC（外洋レース評議会）で統括されている。
→オー・アール・シー、アイ・アール・シー

アイ・エム・オー [IMO]

国際海事機構（International Maritime Organization）。海上の安全と海の環境保全を担う国連の専門機関。プレジャーボートにも多少は関係がある。

アイ・オー・アール [IOR]

International Offshore Rule。IMS以前のグランプリレース用レーティング・ルール。レース艇が過激に進化したために衰退し、1990年代に廃止された。

アイサフ [ISAF]

国際セーリング連盟（International Sailing Federation）。ヨット・レースの開催とルール管理に携わる国際機関。日本には日本セーリング連盟（JSAF）、米国はUS-Sailing、ニュージーランドはヨッティング・ニュージーランドなど、各国にセーリング競技のナショナル・オーソリティーがある。ISAFはその統括団体。旧・国際ヨット競技連盟（International Yacht Racing Union）。
→エス・アール

アイ・ジェー・ピー・イー [IJPE]

セールを展開する際の、基準となる2点間の長さ。
→アイ、ジェイ、ピー、イー、巻末図

アイソレーター [isolator]

1つのオルタネーターで2つのバッテリーを充電する際、バッテリー間で電流が流れないようにするための部品。バッテリー・アイソレーター。

アイ・ポイント [I point]
→アイ

アウトボード・エンジン [outboard engine]

船外機。
→せんがいき

アウトボード・ラダー [outboard rudder]

船尾のトランサム部に外付けされた舵。ちょっと格好悪いと敬遠されることもあるが、構造が単純なのでこれを好む人もいる。小型艇に多いが、80ft艇に装備されることもある。アウト・ラダーともいう。
→トランサム・ラダー

アウトホール [outhaul]

メインセールのクリューを後ろへ引くコントロール・ライン。haulは「引っ張る」の意で、穴（hole）で

はない。outhaulで「外に引っ張る」の意味なので、セールのクリュー側にあるアウトホールは、正確にはクリュー・アウトホールという。

あえん 【亜鉛】
　金属元素の1つであるが、その中でなぜ亜鉛だけがこの用語集に出てくるかというと、電食防止に使われるから。ヨットの上でジンク（zink、亜鉛）といえば、電食防止用の亜鉛のことだ。
→でんしょく

あか 【垢】
　ビルジ・ウォーター（bilge water）。船底に溜まる水。"垢"というと、本来は汚い物の意で、水垢というと水の中に溜まった垢をいうが、船では船底に溜まる垢の水のことなので、水垢というより垢水のイメージ。
→ビルジ

あげしお 【上げ潮】
　潮の満ち干（潮汐）の「満ち」部分。潮が満ちつつある状態。それにともなった潮の流れを意味することもある。
→しお、ちょうせき

アコモデーション 【accommodations】
　宿泊設備。船では船内の居住区を指す。海外レース遠征でアコモデーションといえば、ホテルやコンドミニアムの類。

あさなぎ 【朝凪】
　陸風（land breeze）と海風（sea breeze）の狭間で、無風状態となる現象。長距離レースではこれに泣かされる。

アスターン 【astern】
　本来は「船尾方向に」という意味だが、通常、アスターンというとゴー・アスタン（go astern）の略で、後進のこと。ゴースタンともいう。機関の回転によって、デッド・スロー、スロー、ハーフ、フルという段階で使い分ける。前方の岸壁にぶつかりそうになったら「フル・アスターン」だ。
→アヘッド

アスペクトひ 【アスペクト比、aspect ratio】
　縦と横の長さの比。気取っていうとこうなる。元は飛行機の翼の細長さを表す。アスペクト比が大きいほど、小さな抵抗で大きな揚力を発生する。ヨットでは、セール、キールやセンターボード、ラダーなど、揚力を発生させたい部分の形状を表すために用いる。

アタック・アングル 【attack angle】
　翼と流体との成す角度。セールの場合は、その基準は前縁と後縁を結んだ見えない線（これをコードという）と風の成す角度になる。

あっちゃくスリーブ 【圧着スリーブ】
　ワイヤの端に輪（アイ）を作る時

に使う金属製の細いパイプ（スリーブ）。これを工具で締め付ければ作業は完了。専用工具のメーカーから、ニコプレス（NICOPRESS）と呼ばれることが多い。同様に、電線の端子を圧着するのは圧着端子という。
→ニコプレス

アッパー・シュラウド [upper shroud]

マストを横方向から支えるワイヤをシュラウドといい、一番上から取るのがアッパー・シュラウド。キャップ・シュラウド、あるいは単にアッパーともいわれる。ロワー・シュラウドが斜め（diagonal）であるのに対して、垂直（vertical）になっているので「V」（ブイ）と呼ばれることもある。

アップ・ウォッシュ [up wash]

揚力が発生している飛行機の翼では、空気の流れは、翼に当たる前にすでに上向きに曲げられる。これをアップ・ウォッシュという。不思議だが、これこそが翼に揚力が発生していることを意味する。ヨットのセールや舵でも、同様の現象が起きている。当然、それは横向きになるが、それでもアップ・ウォッシュと呼ばれている。
→ダウン・ウォッシュ

アップウインド [up-wind]

風上にある目的地に向けてタッキングを繰り返しながら進むこと。そのコース。ビーティングともいう。

アップホール [uphaul]

haulは「引っぱる」の意。上方へ引っ張るためのもの（主にロープ）をアップホールという。
→ダウンホール、アウトホール

あつりょくちゅうしん [圧力中心]

center of effortから「CE」ともいわれる。セールのCEといえば、風の流れによって生じる力の作用中心。ほぼ面積の中心と考えて計算することもあるようだが、目に見えるものでもなく、セール・トリムによっても簡単に変化してしまうので分かりにくい。

あていた [当て板]

あまり力がかからない艤装品は、木ねじ（タッピング・スクリュー）で取り付けられるが、力がかかる艤装品はボルトを貫通させて裏からナットで留める。さらに大きな力がかかるものはワッシャーだけではもたないので、広い面積を持つ板を当てて補強する。これを当て板という。バッキング・プレートともいう。

あてかじ [当て舵, counter rudder]

ヨットの舵は、方向転換のためだけにあるのではない。最も重要な役割は、真っ直ぐ走るように調整すること。さまざまな要素でヨットは左右に曲がろうとする。それを押さえるために切る舵が「当て舵」。カウンター・ラダー、カウンター・ステアともいう。

アノード【anode】
　電極の陽極（流れ出す側）。電食防止用の保護亜鉛をアノードということもある。陰極（流れ込む側）はカソード。
→あえん、でんしょく

アパレント・ウインド【apparent wind】
　見かけの風。船の上では、真の風と船の動きによって起こる風を合成した風をいう。見た目はマッチョなくせに根性がない男を、見かけ倒しの意から「アパレントな奴」という。
→みかけのかぜ

アビーム【abeam】
　1：船の横方向。真横。「A灯台をアビームに見て……」。
　2：真横から風を受けて走る「ウインド・アビーム」の略。
→ウインド・アビーム

アフター・ガード【after guard】
　帆船時代からある言葉のようだが、現在のレース艇ではスキッパーやタクティシャン、ナビゲーターなど、船尾付近に陣取る首脳陣をいう。
→スキッパー、タクティシャン、ナビゲーター、にんそく

アフターガイ【afterguy】
　単にガイといえば、ポールのエンドに取り付けてポールを固定するラインのこと。そのうち、アフターガイはスピネーカー・ポールを後方に引いて固定させるもの。オーストラリア人はブレイス（brace）といい、訛るとブライスになる。一方、スピネーカー・ポールを前かつ下方向に引くのがフォアガイだが、どちらも単にガイと呼ぶことがあるので「ガイをゆるめろ！」というと混乱する。この場合は「ポール・バック」とか「ポール・フォワード」と表現すればよい。
→フォアガイ、ガイ

アフターキャビン【aftercabin】
　船尾にある船室。コクピットが前寄りにあるヨットでは、それより後ろにコンパクトなキャビンを設けている。アフトキャビンともいう。
→コクピット

アフターデッキ【afterdeck】
　船尾にある甲板。ヨットでは、まったくないか、狭いことが多い。モーター・クルーザーでは、アフターデッキが最もくつろげる場所になることが多い。
→モーター・クルーザー

アヘッド【ahead】
　船首方向へ。前進。機関での前進の加減を表すには、後進同様、デッド・スロー、スロー、ハーフ、フルがある。「go ahead」から「ゴアヘ」、「ゴーヘー」と訛ることもある。海事用語は英語をカタカナにしたものが多いのだ。

アペンデージ【appendage】

水面下で、主船体に付属して装着されている部品（舵、フィン・キールなど）をすべてひっくるめてこういう。水面下の付加物。いずれも、ヨットにとってはかなり重要な要素である。

アマチュア [amateur]

ISAFではclassificationとして、ヨット乗りをカテゴリー1（アマチュア）から3（プロ）に分け、クラスによってカテゴリー1しかヘルムを持てないとか、カテゴリー3のセーラーは2人までしか乗り込めないなどと決めている。現在進行中のシステムで、基準はまだ流動的なようだ。
→アイサフ

アメリカズ・カップ [America's Cup]

ヨット・レース界で最高峰といわれるマッチ・レース。防衛者と挑戦者の1対1による、カップ争奪戦。1851年のワイト島一周レースで優勝した〈アメリカ〉（号）の艇名に由来する。以来、米国勢が守り抜いてきたが、1983年にオーストラリア勢が勝利を収めてから状況は一変し、戦国時代に突入している。日本からは過去3回挑戦しているが、いずれも予選シリーズで敗退している。
→シンジケート、ルイ・ヴィトン

アメリカズ・カップ・クラス
[International America's Cup Class, IACC]

アメリカズ・カップのために、1989年に制定され、1992年大会から使われているヨットのクラス名。全長約24m、カーボン繊維サンドイッチ構造の軽い船体、深くて重いバルブ・キール、カーボン製マストなどの特徴を持つ、高性能のインショア・レーサー。居住施設、機関は持たない。略称はAC（エーシー）ボート。

アラウンド・アローン [Around Alone]

現在「ファイブ・オーシャンズ」と名称が変わった、一人乗り世界一周レース。以前はスポンサー名から「BOC単独世界一周レース」と呼ばれていた。

アラミドせんい 【アラミド繊維】

ケブラーの商品名で知られる芳香族のポリアミド繊維。カーボン・ファイバーと並ぶエキゾチック・マテリアルの雄で、セール生地やロープ類、船体材質としても用いられる。軽くて伸びが少なく、強い。色は主に黄色（ゴールド）。
→ケブラー、エキゾチック・マテリアル

アルゴス [Argos]

地名やらなにやら固有名詞としていろいろ使われているようだが、ヨットの世界でアルゴスといえば、人工衛星を用いた商用位置追尾システム。長距離レースで参加艇の動向を把握するために使われることがある。端末は小型で、優れもの。

アルミニウム、アルミ
【aluminium (米), aluminum (英)】

金属元素のひとつだが、一般的にはマグネシウムや銅などを入れた合金が使われる。マストやクリートなど、さまざまな部分で使われている。イオン化傾向が高いので電食には注意したい。
→でんしょく、いおんかけいこう

アンカー 【anchor】

錨（いかり）。ロープやチェーンの先に付けて海底に降ろし、その重量や爪で海底に食いつかせることによって船をその場に留めておくための道具。さまざまな形状のものがあるが、ヨットではなるべく軽い方が便利なので、重さよりも爪で食いつかせるタイプが多用される。

アンカー・ウェイト
【anchor weight, (米) sentinel】

アンカー・ロープの途中に吊してアンカーの利きを良くし、また船から延びるアンカー・ロープを沈めて他船の航行を妨げないようにする重り。前者の目的のためにはなるべく錨に近い方がよく、後者の目的のためには船から水深程度離すと効果が大きい。なお、日本ではこれをモニターということがあるが、英語ではそうは呼ばない。

アンカー・ウェル 【anchor well】
→ウェル

アンカー・ロープ 【anchor rope】

船とアンカーをつなぐロープ。アンカー・ライン、アンカー・ケーブルともいわれる。ロープだけだと軽く、擦れにも弱いので、アンカーとロープの間に数メートルのチェーンを入れることもある。全部がチェーンであればアンカー・チェーン、フル・チェーンという。同じ大きさのアンカーなら、チェーンが長いほど利きが良くなる。またアンカー・ロープ全体の長さが長いほど、利きが良くなる。
→スコープ

アンカー・ローラー 【anchor roller】

アンカー・ロープやチェーンが船体に直接当たらないように、また滑りが良くなるように設けられたローラー。船首、ときに船尾に設置される。

アンカリング 【anchoring】

錨泊。アンカーのみを使って停泊すること。あるいはその状態。簡単なようでなかなか奥が深い。で、なかなか居心地がいい。
→アンカー、アンカレッジ

アンカレッジ 【anchorage】

錨地、錨泊地。アンカリングするための場所。波風を防ぎ、適度な水深で、錨かきのよい低質、なおかつ静かで景色が良く、魚影も濃い……というのが理想。

アングル [angle]

ヨットの上で「アングル」といえば上り角度のこと。造船界では山形鋼。断面がL字形の棒鋼をいう。

アンサリング・ペナント [answering pennant, answering pendant]

国際信号旗の回答旗。
→エー・ピー、かいとうき

あんぜんびひん [安全備品]

安全に帰するための装備品。主にルールで定められている備品を指すことから、法定備品とも呼ばれる。航行区域によって内容が異なり、関係機関が定めている。この定めが理にかなったものであるか否かで、関係機関の能力、センスが問われる。
→さくらマーク

アンパイア [umpire]

一般的なヨット・レースでは、ルール違反があったか否か、レース後の審問でジュリー（jury：審査員）が判断する。マッチ・レースの場合、レース後では間に合わないので、その場でアンパイアが決定を下す。
→ジュリー、マッチ・レース

アンペアアワー [ampere-hour, Ah]

バッテリーの容量を表す時に用いる単位。アンペア時。80Ahといえば、8アンペアを10時間、あるいは2アンペアを40時間流す容量があるということ。

い

イアラふひょうしき [IALA浮標式]

国際航路標識協会（International Association of Lighthouse Authorities）が定めた航路標識の表示様式。海は世界中と繋がっているので、統一していないと大変なことになる。では、IALAによって航路標識が世界統一されているのかというと「A」と「B」の2つの方式に分かれている。日本は北米、中南米、韓国、フィリピンとともにB方式で、右舷標に赤を用いる。「Red Right Return」（港に戻る際、右舷に、赤燈を見る）と覚えよう。ただしヨーロッパをはじめ、ほとんどの国はA方式になる。

イー [E]

マスト後面から、ブーム後端のセール展開リミットであるブラック・バンドまでの長さ。簡単にいえば、ほぼメインセールのフット長さ。
→アイ・ジェー・ピー・イー、ブラック・バンド、巻末図

イー・グラス [E-glass]

FRPに用いるガラス繊維の種類。「良いグラス」ではなく、電気抵抗が大きいことから「電気的（electric）」の頭文字をとってEグラスと呼んでいる。ほかにSグラス（高強度）、Aグラス（耐アルカリ性）などがある。
→エフ・アール・ピー、ケブラー、

カーボン

イーズ [ease]

　シート（ロープ）をゆるめる動作。ゆったりとした、ゆるい……のイーズだ。外国人セーラーと一緒に乗る機会が多くなった1980年代から急速に普及した言葉。今ではヨット用語として日常的に使われつつあるので覚えておきたい。対して、引き込むのは「トリム（trim）」という。
→トリム、ダンプ

イーパーブ [EPIRB]

　緊急時位置通報無線標識（Emergency Position Indicating Radio Beacon）。遭難時に救難信号を発信する装置。航空機や近くの船舶が直接受信するタイプのほか、人工衛星を経由し、遭難地点や船固有の識別信号なども伝えるタイプがある。一般的には船に備え付けるが、小型の個人装備用も市販されている。イーパブ、イパーブなど発音はさまざま。

イーブン・トリム [even trim]
→トリム

イエロー・フラッグ [yellow flag]

　黄色い旗というと身も蓋もないが、船の上でイエロー・フラッグといえば国際信号旗のQ旗を指す。他国に入国した際、検疫を求めるために掲揚する。やっと着いたという安堵感が湧きあがり、胸にキュンとく

る旗であったりする。

イオンかけいこう [イオン化傾向]

　金属元素の電気化学的活性の強さを示す順列……というと難しいが、金属がイオンとなって溶液中に入ろうとする度合のこと。電食を理解する上で、重要な要素となる。亜鉛はイオン化傾向が高いので、電食防止に使われるわけだ。
→でんしょく、あえん

いかり [錨]

　アンカーの渋い呼び名。
→アンカー

いかりかき [錨かき]

　アンカーの利き具合。錨の形状や底質によって異なる。底質が泥や砂であれば、錨かきは良い。対して、海草に覆われたような場所は錨かきが悪い。岩場はアンカーが噛み込んでしまって抜けなくなることがあるが、これを「ものすごく錨かきがいい」とは評価しない。
→ていしつ、アンカー

いかりむすび [錨結び、fisherman's bend]

　フィッシャーマンズ・ベンド。リング（輪）にロープを留めるための最良の結索法。ロープ強度の70％まで耐えるというテスト結果がある。同じテストで舫い結び（ボーライン・ノット）は50％だったという。

いきあし [行き足]

船が進むこと。惰性で進むこと。低速時に使われる言葉。

イグジット【exit】
　出口。ヨットでは、マスト上部のハリヤードの出口を指す。なかなか目が行き届かないが、チェックを怠らないようにしよう。特にワイヤ製のハリヤードは、シーブ（滑車）にガタがあるとその隙間にハリヤードが落ち込み、上げ下げできなくなる。強風時にこうなると、ちょっと泣けてくる。
→マスト、ハリヤード、シーブ、

いしょう【衣装、sailing wear】
　服装の装備のこと。何種類ものユニフォームのあるレーシング・チームでは、統一を取るために「明日の衣装はどうする？」と話し合う。あるいはどの程度の厚着をするか、カッパは持っていくべきかなど、やたらと着替えを持ち込めない純レーサーにとって、その日の衣装選びは朝の重大事となる。

いせん【緯線】
　緯度が等しい地点を連ねた線。赤道に平行になる。もちろん仮想の線だ。
→いど、けいど

いちかみ【1上】
　通常のインショア・レースでは、スタート後は風上にあるマークへ向かう。このとき、1周目の風上マークが「いちかみ」だ。2周目は「にかみ」。
→インショア、いちしも

いちしも【1下】
　ブイを回るインショア・レースでの最初の風下マーク。2周目は「にしも」。
→いちかみ、しもまーく

いちのせん【位置の線】
　なんらかの根拠に基づいて、自艇がその上にいると確信できる線。点ではなく線なのだが、位置の線が2本あれば、その交点に自艇が位置することになる。海図上に記された物標のコンパス方位、2つの物標の見通し線（トランジット）、あるいは天体の高度を求め、その天体がその高度に見えるであろう巨大な円も、一部を切り取れば直線と考えられるので位置の線となる。
→ちもんこうほう

いってこい【行ってこい】
　行って、帰ること。ロープで「行ってこい」といえば、先方で輪を造りU字になった状態。片方を放して引っ張れば、手元にたぐり寄せられる。ヨット・レースで「行ってこい」といえば、A地点をスタートし、ブイや島を回ってA地点にフィニッシュするような形式のもの。よく使われる。

いっぱんはいちず【一般配置図】

船の設計の基本図面。側面図と上面図からなり、キャビン配置などが分かる。セール・プランと並んで、ヨット購入の際の基本的な目安となる。ジェネラル・アレンジメント（general arrangement）。
→セール・プラン

いど 【緯度、latitude】

地球上の全地点は、緯度と経度の交点によって特定できる。赤道が緯度0°。北極を北緯90°、南極を南緯90°とし、その間を等分して緯度を決める。緯度の1分が1海里になる。
→けいど、かいり

いりふね（いりぶね） 【入り船】

港口に船尾を向けた状態で船を係留すること。
→でふね

インアウト・エンジン
【inboard-outboard engine】

船内外機（せんないがいき）。機関本体を船内に装備し、ドライブ・ユニット（駆動部）が船外に出ているエンジン。

インサーター
→インデューサー

インサイド・バラスト 【inside ballast】

バラスト・キールとは異なり、船体内部（通常はボトム部分）に固定されたバラスト（重り）。動きまわると危険なので強固に固定されているが、船の前後トリムの調整や、レーティング対策など、移動したいときには、ボルトを外すなどしてわりと簡単に調整できるものが多い。
→バラスト

インジェクション 【injection】

サンドイッチ工法などで、樹脂を含浸させるために圧力をかけて注入すること。その工法。
→サンドイッチこうぞう

インシュレーター 【insulator】

パーマネント・バックステイなどを無線のアンテナに使うときに使用する、絶縁のための碍子（がいし）部品。当然ながら、ステイのワイヤを上回る強度が必要。絶縁碍子ともいう。
→パーマネント・バックステイ

インシュロック（・タイ） 【INSULOK】

電線などを結束するためのバンドの商標名。一般名称は、結束バンド、結束帯。ナイロン、フッ素樹脂、ポリエチレンなどの材質で造られる。タイラップ（TY-RAP）と呼ばれることもあるが、こちらも商標名。

インショア 【inshore】

1：沿岸海域。インショア・レースといえば、主に陸地の近くで、設置したブイ（マーク）を周回して順位を競うレースのこと。外洋レース（オフショア・レース）が可能なセーリング・クルーザーによって行わ

れるものだけを指すことが多い。
2：海から陸に向かって吹く風。
→オフショア

インストルメンツ [instruments]

コンパス、速度計、風向・風速計、水深計、GPSなどの航海計器の総称。特に最近の電子機器を総じてインストルメンツと呼ぶことが多い。ヨット・レースでは風向・風速計とボート・スピード、そしてコンパスを組み合わせた計器が威力を発揮する。これらのデータから真風位を計算、またそれをグラフ表示させるものもある。正しい真風速、あるいは真風位を計算させるには、それぞれの入力デバイス（風向・風速計、スピードメーター）の精度が重要になる。

インスペクション・ハッチ
[inspection hatch]

船体やタンクなど、内部の点検、整備、艤装の取り付けなどのために取り付けた水密のふた。

インデューサー [inducer]

セールのバテン・ポケットに、バテンを押し込んでセットする時に使う短い棒。正式名称は不明。「インサーター」、「おっぺし棒」、「あれ」など、地域によって呼称が異なる。セールを買うと付いてくるものなので、正式名称がなくてもなんとかなっている。
→バテン、バテン・ポケット

インナー・ハル [inner hull]

FRPのメス型で艇体を作ると、艇体内側はあまりきれいには仕上がらない。木工の内装にすれば豪華だが、コストがかかる。そこで、内装そのものをインナー・ハルとしてFRPで作って船体内部に接着し、コストを削減しつつきれいに仕上げようという苦肉の策。
→エフ・アール・ピー、メスがた

インナー・フォアステイ [inner forestay]

フォアステイの下（1/4〜1/3くらい）に設けたステイ。クルージング艇では、ここにセールを展開することもある。レース艇ではマスト・ベンドの調節に使う。これを持たないセールボートも多い。
→フォアステイ

インナー・モールド
[inner mold (米), inner mould (英)]

インナー・ハルのこと。インナー・モールドを作るための型は、インナー・モールドのモールドになるのだろうか？
→インナー・ハル

インバーター [inverter]

直流（DC）電源から、交流（AC）を作る装置。ヨットの電源は直流のバッテリーなので、家庭用の電気製品を使うにはこれが必要。容量によって、安いものからバカ高のものまである。用途によって選ぼう。
→ちょくりゅう、こうりゅう

インプライド・ウインド [implied wind]

　IMSにおけるPCS（パフォーマンス・カーブ・スコアリング）に用いる概念で、そのヨットが、そのコースを、その時間で走りきったら、何ノットの風が吹いていたことになるのか、の意味。早くフィニッシュすればそれだけ強い風が吹いていた（インプライド・ウインドが高い）ことになり、成績は上位になる。つまりIMSにおけるPCSは、いかにインプライド・ウインドを高くするかを競うものなのだが、分かりやすくするために、成績表ではそれを基に修正時間を導き出している。
→アイ・エム・エス、パフォーマンス・スコアリング・システム

インフレータブル・ボート
[inflatable boat]

　艇体の一部、または全部が防水布でできた太いチューブで作られ、その中に空気を入れて船体を形作るボート。ゴム・ボートともいうが、材料はゴムとは限らない。また、船底部がFRPやアルミニウムでできたものをハードボトム・インフレータブル（HBI）という。

インペラ [impeller]

　海水ポンプなどの内部にある羽根車。船底に出すスピードメーターのセンサーもインペラと呼ぶ。
→トランスデューサー

インボード・エンジン [inboard engine]

　船内に据え付けられた機関。船外に取り付ける船外機に対して、船内機ともいわれる。セーリング・クルーザーではディーゼル機関が主。
→せんがいき

インライン・スプレッダー
[inline spreader]

　ランニング・バックステイが付いたリグ用の、真横に伸びるスプレッダー。ランニング・バックステイ付きのリグをインライン・スプレッダー・リグと呼ぶこともある。
→ランニング・バックステイ、スプレッダー、リグ

う

ウィスカー・ポール [whisker pole]

　船尾方向から風を受けて走るときに、ジブをメインセールの反対舷に張り出すためのつっかい棒。単にウィスカーと呼ぶこともある。スピネーカー・ポールがあれば、それを流用することが多い。
→スピネーカー・ポール

ウィッシュボーン・ブーム
[wishbone boom]

　ボードセーリング（ウインドサーファー）のブームのように、両舷に分かれてそれぞれ外側に湾曲し、その間に帆を挟み込むように張るタイプのブーム。

ウイング・キール [wing keel]

　キール下面にウイングを付けた特

殊なキール。吃水を深くせずに重心を下げる効果があるほか、風上航においてキールの揚力を増すといわれている。1983年のアメリカズ・カップにおいて、カップを勝ち取った〈オーストラリアⅡ〉が装備していたことで大きな話題になった。現在はルールの関係でウイング・キールを持つレース艇はほとんどないが、クルージング艇で採用しているものもある。現行のアメリカズ・カップ・クラスはバルブ・キールに翼を付けているが、これはウイング・キールといわない。
→アメリカズ・カップ・クラス

ウイング・セール【wing sail】
飛行機の翼をそのまま立てたような形のセール。レーシング・カタマランや、スピード記録を狙う艇に用いられることがある。リジッド・セールやソリッド・セールともいう。

ウイング・ハリヤード
【wing halyard, wing halliard】
フォアステイの上から出るハリヤード。左右2本あり、それぞれスターボ・ハリ、ポート・ハリと呼んでいる。ジブにもスピンにも使える。縮めてウイング・ハリということもある。
→ハリヤード

ウイング・マーク【wing mark】
ヨット・レースのトライアングル・コースにおけるサイド・マークのこと。

ウインチ【winch】
シートやハリヤードなどを引き込むための艤装品。形が似ていることからコーヒー・グラインダーともいわれる。カサは小さいけれど、けっこう高価。丈夫なようだが、意外と壊れる。船が大きくなるとウインチにもかなりの力がかかるので、壊れて突然空回りすると大けがにいたることもある。トラブルの原因となるのは、内部にある小さな爪やスプリングなので、日頃の手入れが重要。

*セルフテーリング〜【self tailing】
テーリングしなくてもいいような構造になっているウインチ。主にハリヤード用のウインチに使用。

*ペデスタル〜【pedestal】
大型ウインチになると、デッキに直立した台座にウインチ・ハンドルが2つ付き、両手で、あるいは対面した2人で同時に回すことができる。そのようなウインチをペデスタル・ウインチという。

*プライマリー〜【primary】
主に使われるウインチ。ジブシート、アフターガイ、時にスピネーカーシートもこれを使う。

*キャビントップ〜 またはハリヤード〜
キャビントップのコンパニオンウェイ両側に付くウインチ。主にハリヤード用に使用する。

*セカンダリー〜【secondary】
プライマリー（主）に対してのセ

カンダリー（補助）。キャビントップ・ウインチを指すことが多い。

ウインチ・ハンドル【winch handle】
　ウインチを回すためのハンドル。アームの長短、グリップの数など、いろいろなタイプがある。ストッパーが付いていて、船がヒールしたり、ロープが引っかかっても抜け落ちたりしないようになっているものが主流。水に浮くものもあるが、レース中なら落としたウインチ・ハンドルを拾いに戻るわけにも……。
→ウインチ

ウインデックス【WINDEX】
　マストヘッドに付ける風見の商品名。普及しているので、風見の代名詞になっている。
→マストヘッド

ウインド・アビーム【wind abeam】
　見かけの風を真横から受けて走ること。略してアビームといわれる。
→アビーム

ウインド・シーカー【wind seeker】
　きわめて風が弱い時に用いるヘッドセール。なんだかもう、苦しい時の神頼みのような状態であることが多い。ドリフターとも呼ばれる。
→ヘッドセール

ウインド・ベーン【wind vane】
　本来は風を受け、常に風の方向に向く板のことだが、これを利用する自動操舵装置そのものをウインド・ベーンと呼ぶのが一般的。ヨットがコースを外れるとベーンに風が当たって動き、その動きで水中にある小さい舵が動く。この小さい舵に働く水圧で舵を切り、元のコースに戻す。シンプルにして合理的、クリーンエネルギーの自動操舵装置だ。
→オートパイロット

ウインドラス【windlass】
　揚錨機。アンカーとアンカー・ロープ、チェーンを巻き上げるためのウインチ。電動および手動のものがある。水平の回転軸を持つものがウインドラスで、垂直軸を持つものはキャプスタンと呼ばれる。

ウインドワード【windward】
　風上側。ウインドワード・リーワード・レースといえば、風上・風下に打たれた２つのマークをぐるぐる回るレースのこと。ウインドワード・ボートといえば、風上に位置するボート（ヨット）のこと。
→リーワード

ウーチング【ooching】
　身体を急速に前方へ動かして、急に止まること。頭がヘンになったわけではなく、風速が弱い時、あるいはあと少しでプレーニングしそうな時など、この動作で勢いを付けて加速させようという目論見なのである。が、ルールで禁止されている。
→プレーニング

ウール【wool】

毛糸。スピネーカーを適度な太さの毛糸で縛っておけば、ホイスト途中で風をはらまないので楽に揚げられる。スピンシートを引いて風を入れれば、下から順次毛糸が切れてスピンが開くというわけ。もちろん縛る時はかなり面倒くさい。この作業をウールという。「今のうちにウールしとこうか」などと使う。別にヤーン（紡ぎ糸）ともいう。
→パック

ウェアリング【wearing】

ジャイビングの古風な言い方。
→ジャイビング

ウエイト【weight】

重り。体重。クラスによっては乗員の体重制限があるので、クルー体重はキーポイントだ。レース前には公式な体重計測（weight-in）が行われることもある。また、ヨットはクルーの乗艇位置も重要である。強風の風下航でヘルムスマンが「ウエイト・バック！」と叫んだら、そそくさと後ろへ下がろう。
→ダウンウインド

ウェイポイント【waypoint】

GPSを使った航法などで用いる任意の点。GPSは、現在地点から各ウェイポイントまでの距離と方位を計算して表示する。通過予定地点をウェイポイントに登録し、順次通過していくという使い方ができる。
→ジー・ピー・エス

ウェーキ【wake】

航跡。曳き波。

ウェザー【weather】

本来は天候という意味だが、ヨットの上では「風上の」、「風上の方へ」という意味で使われている。ヨットの風上舷はウェザー・サイド。レースで風上に設置されたブイは、ウェザー・マーク。
→リー、かざかみ

ウェザー・ヘルム【weather helm】

風上に切り上がろうとする船の性質。通常、クローズホールドでは舵を真っ直ぐに持っていると風上に切り上がるように（ウェザー・ヘルムが出るように）設計されている。ラダー（舵板）からも、より大きな揚力を発生させるためだ。ウェザー・ヘルムが強すぎても抵抗になるだけなので、うまく調整しよう。
→リー・ヘルム

ウエス

ボロ布。汚れを拭き取るなど、雑用に使う布切れ。古いTシャツが最も高級とされる。ウエスはwaste（廃棄物）からきた和製英語らしい。英語ではrag。

ウエストこうほう【WEST工法】

Wood Epoxy Saturation Techniqueの略。高性能の樹脂を用

いた木造工法。木材にエポキシ樹脂を染みこませて固め、軽量にして強靭な船殻を作る。
→エポキシじゅし

ウェット・ラム【wet lam】
プリプレグに対して、従来の樹脂を含浸させて積層（laminate）していく工法。
→プリプレグ

ウェットスーツ【wet suit】
多孔質のネオプレンの厚い肌着。肌との間に入った海水を温め、保温する。ディンギーやボードセーリングでよく使われる。ただし着心地のいいものではない。
→ドライスーツ

ウェル【well】
甲板上で一段低くなっている所、収納部。コクピット・ウェル、アンカー・ウェルなど。

ウォーター・バラスト【water ballast】
船の傾き（ヒール）を抑えるため、舷側にタンクを設けて海水を注入することでバラスト（重り）とするシステム。比較的、構造が単純でトラブルが少ないとされるが、注水、排水に時間がかかる。レースでの使用はルールで禁止されていることが多く、特定のクラスでしか使われない。

ウォーター・ブラスター【water blaster】
鋼船の錆落としなどでは、高圧で砂を吹き出すサンド・ブラスターという機械が用いられるが、柔なヨットでそんなものを使ったらボロボロになってしまう。そこで、砂の代わりに水を使ったウォーター・ブラスターが使われる。これでもかなり威力がある。船底掃除なんかにどうぞ。

ウォータータイト【watertight】
「水密の」という形容詞。ウォータータイト・ドア（水密扉）、ウォータータイト・バルクヘッド（水密隔壁）。ウォータータイトと聞くと、なんだか頼もしい。
→すいみつ

ウォーターライン【waterline】
水線。計画吃水線。

ウォッシュボード【washboard (英)】
コンパニオンウェイ・ハッチに差し込むようにして使う羽目板。差し板。空気抜きのルーバーが付いていたりして、洗濯板に似ているからウォッシュボードというのかどうかは不明。米国ではハッチ・ボード（hatchboard）ともいう。
→コンパニオンウェイ

ウォッチ【watch】
交代で見張りや操船に当たる当番。当直。日本風にワッチと発音することも多い。「ワッチにつく」、「俺のワッチ」、「ワッチ交代」と、2晩以上の航海になるとウォッチは重要な生活ペースになる。

うきさんばし【浮桟橋】
桟橋の一種。杭で支えられてはいるが、桟橋自体は海面に浮いている。したがって、潮の干満に合わせて桟橋自体が上下し、船との高さは一定に保たれる。きわめて使い勝手がいい。ポンツーンともいう。

うげん【右舷】
船首に向かって右側の舷。英語ではスターボード・サイド（starboard side）という。
→スターボード、さげん

うちあげ【内揚げ】
ジブのストレート・チェンジで、新たなセールを内側から揚げ、その外側から、それまで使っていたセールを降ろすこと。内揚げ・外降ろし。
→ストレート・チェンジ

うねり
波（wave）は風によって起きる。はるか彼方で吹いた強風によって起こされた波が伝わってきたものをうねり（swell）として区別している。
→なみ

うらかぜ【裏風】
→バックウインド

ウレタン【urethane】
ポリウレタン樹脂のこと。
→ポリウレタン

うわてまわし【上手回し】
→タッキング

え

エア・ベント【air vent】
清水、燃料などのタンクの空気抜き。パイプかホースをデッキ裏まで立ち上げ、先端には逆流しないような装置が付いている。

えいせいこうほう【衛星航法】
人工衛星を使った測位システムの総称。現在はGPSが全盛だが、一昔前にはNNSS（Navy Navigation Satellite System）というのもあった。サテライト・ナビゲーションから、サテナビともいわれる。
→ジー・ピー・エス

エイチ・エフ【HF】
電波の周波数で、短波帯（high frequency）の略。周波数が高い（＝波長が短い）という意味だが、科学の進歩によってもっと高い周波数（超短波、極超短波）が使われるようになり、現在使われている一般的な無線機の中では周波数は低い方に属するともいえる。その特性から、人工衛星を介さず長距離の通信を行う時に用いられる。
→エス・エス・ビーむせんき

エイチ・ビー・アイ【HBI】
→インフレータブル・ボート

エイト・ノット【eight knot】
ロープの結び方のひとつ。ロープ

のエンドに8の字を描くようにして節を作るもの。

エー・シー・ボート 【ACボート】

アメリカズ・カップで用いられる規格のヨット。アメリカズ・カップ・クラス艇。究極のレーシングマシン。……が、ちょっと強い風が吹くとすぐに壊れ、下手をするとまっぷたつに折れる。
→アメリカズ・カップ・クラス

エー・ピー 【AP】

国際信号旗の回答旗（answering pennant）。ヨット・レースでは「レース延期」の意味。よくAP旗（エーピーき）と言われるが、Pはpennant（旗）の意なので、AP旗というと旗がダブる。
→かいとうき

エー・ビー・エス 【ABS】

1：米国船級協会（American Bureau of Shipping）の略称。一般船舶やヨットなどの構造強度の基準を設定している。

2：油壺ボートサービスの略称。文字通り相模湾の油壺にある老舗のボートサービス。

エキゾチック・マテリアル
【exotic material】

カーボン、ケブラー、チタンなど、高価だが高機能の「めずらしくて魅惑的で斬新」な素材の総称。ルールで使用が制限されている場合もあるが、普及にともなって価格も下がり、制限が解除されたりもする。

エコー・サウンダー 【echo sounder】
→デプス・サウンダー

エス・アール 【SR】

ISAFが提唱するレース艇のための外洋特別規定（ISAF Offshore Special Regulations）。略して、ISAF-SR。レースの航行区域によって、構造から安全備品まで細かく規定している。日本語訳され、また国内事情に合わせて変更されたものが、日本セーリング連盟からJSAF-SRとして発行されている。
→アイサフ、あんぜんびひん、にほんセーリングれんめい

エス・エス・ビーむせんき 【SSB無線機】

音声を電波に乗せる際に、振幅変調で単側波帯（single side band）を使う無線機。ヨットやボートの上では、無線機はおおざっぱにVHF無線機とSSB無線機に分けているが、VHFは超短波（very high frequency）の意味で、SSB無線機といわれているものは、周波数帯でいうならMFからHFの無線機になる。

エス・オー・エス 【SOS】

無線電信（モールス符号）における遭難信号。音声による無線では「メーデー！」（遭難信号）、または「パンパンパン！」（緊急信号）。

→そうなんつうしん

エス・オー・ジー [SOG]
　対地速力。Speed Over the Ground。
→たいちそくりょく、シー・オー・ジー

エスき [S旗]
　国際信号旗のS旗。ヨット・レースでは、コース短縮を意味する。

エス・グラス [S-glass]
　ガラス繊維基材の中で、特に引っ張り強さを高めたもの。
→ガラスせんい

エックスき [X旗]
　国際信号旗のX旗。ヨット・レースでは「リコールあり」、すなわち早すぎるスタートをした艇があるという意味。ヤバイと思ったら、すぐに引き返そう。
→リコール

エヌき [N旗]
　国際信号旗のN旗。ヨット・レースではレース中止を意味する。この下にH旗が付けばハーバーへ戻れという意味になり、いろいろバリエーションがある。

エフ・アール・ピー [FRP]
　船体材料などに使われる強化プラスティック。Fiberglass Reinforced Plastics。ガラス繊維をプラスチックで強化したもの。広辞苑ではfiber-reinforced plasticsとなっていて、これだと単なるfiber（繊維）なのでガラス繊維のみならずカーボン繊維やケブラーなどをプラスチックで固めたものも含まれる。しかし日本でFRPというと、ガラス繊維を用いたもののみを指すことが多い。イギリス圏の国ではGRP（glassfibre reinforced plastics）と呼び、これだとまさしくガラス繊維を用いた強化プラスチックを指す。
→グラスファイバー、ファイバーグラス、がらすせんい

エポキシじゅし [epoxy 樹脂]
　2液性の硬質な合成樹脂。接着剤、塗料、ガラス繊維を固める樹脂などに用いられる高級材料。

エリプティカル・キール [elliptical keel]
　側面が楕円形のキール。少ない抗力で大きな揚力を得ることを狙ったもの。同様の理由でこの形状を採用したエリプティカル・ラダーもある。
→ようりょく、キール、ラダー

エル・オー・エー [LOA]
　全長（length overall）。
→ぜんちょう

エルき [L旗]
　国際信号旗のL旗。ヨット・レースでは、声の届く範囲に来いという意味。

→ほんぶせん

エル・ダブリュー・エル [LWL]
　水線長さ（length on the waterline, waterline length）。
→すいせんちょう

えんかいくいき 【沿海区域】
　日本の船舶安全法、および船舶安全法施行規則による海域のひとつ。陸岸から20海里以内の水域を基本とする。

えんがんくいき 【沿岸区域】
　平成16年11月から小型船舶安全規則の改正にともなって設けられた、小型船舶の新しい航行区域。海岸から5海里以内の水域。日本をぐるりと一周することもできる。
→えんかいくいき

エンクロージャー 【enclosure】
　雨、風、波飛沫を避けるための透明ビニール製の覆い。温室状態である。モーターボートのフライング・ブリッジの他、海外のクルージングヨットではコクピット全体をこれで覆っている剛の者もいる。
→コクピット

エンサイン 【ensign】
　船の国籍を示す旗。一般には国旗を使うが、船舶用に特別な旗を用意している国もある。海上自衛隊のエンサインは日の丸（日章旗）ではなく旭日旗で、これを軍艦旗とも呼んだ。発音は「エンシン」が近い。

エンジン・マウント 【engine mount】
　エンジン取り付け部。船内機はもちろん、船外機の取り付け部もエンジン・マウントという。
→せんないき、せんがいき

エンド・スプライス 【end splice】
　ロープの端がほつれないようにとめるスプライス方法。
→スプライス

エンド・トゥ・エンド・ジャイビング
【end-to-end jibing（米）, end-to-end gybing（英）】
　スピネーカー・ジャイビングの方法のひとつ。スピネーカー・ポールの両エンドを入れ替えることから、こう呼ばれる。スピネーカー・ポールのマスト側エンドを外し、そこに新たにガイになるロープをセット、反対側のエンドに付いていたガイを外し、マストにセットする。
→ジャイビング、ディップポール・ジャイブ

エントリー 【entry】
　造船の世界では、船首部分が水面を押しのけるあたりのことをいう。ヨットにおいては、セール前縁の、風と最初に接する部分をいう。エントリーが丸いとか浅いというような表現をする。

えんようくいき 【遠洋区域】

日本の船舶安全法による海域の1つ。地球上のすべての海域。

お

おいかぜ【追い風】
　船の後ろから吹いてくる風。都合が良さそうだが、実はそうでもなかったりする。追手（おって）、特に特に真後ろからの風を真追手（まおって）ということもある。
→ダウンウインド

おいなみ【追い波】
　船尾方向から追ってくる波。波を前から受けるのもなかなか厳しいが、大きな追い波というのも危険である。かといって横からの波ならオッケーかというと、それが一番タチが悪かったりする。

オイルスキン【oilskin(s)】
　カッパ（合羽）のしゃれた呼び名。大昔、オイル引きの布地が使われたことに由来するが、もちろん今ではそんなベトベトしたものは使わない。名称だけは今だに一般的に使われる。
→カッパ

おうかくへき【横隔壁】
→バルクヘッド

オー・アール・シー【ORC】
　外洋レース評議会（Offshore Racing Congress）。セーリング・クルーザーのオフショア・レース規則を管理運営する国際組織。1969年に英国でOffshore Racing Councilとして発足し、現在はISAF傘下に入る。
→アイサフ

オー・アール・シー・クラブ【ORC Club】
　ORCが提唱するハンディキャップ・システムのひとつ。簡易な計測、または申告によってハンディキャップを算出する。日本で採用されているが、世界的にはIRCに押され気味。
→アイ・アール・シー

おおしお【大潮】
　潮汐の中で、特に干満の差が大きい日。またはその時の潮。満月と新月のころ。人の誕生や死にも影響するといわれており、筆者もそう信じている。
→ちょうせき

オートパイロット【autopilot】
　自動操舵装置。特に電動のものをいう。略してオーパイ。商品名からオートヘルムといわれることもある。対して、風と流れる海水の圧力を利用するものはウインド・ベーンと呼んでいる。
→ウインド・ベーン

おおにし【大西】
　強い西風のこと。特にヨットの盛んな三浦半島西岸にあっては、西風は直接海岸に吹き付けるため、とんでもないことになる。吹き始めると一日中吹き続けるが、良く晴れるこ

とが多いだけに、たまの週末が大西だとガッカリする。

オーニング【awning】
ヨット、ボートを覆うキャンバス製カバー。紫外線に強い素材を用いて、船を汚れや紫外線から守る。懐具合が寂しい場合は工事用の養生シートで我慢するが、効果は半減する。

オーバーキャンバス【overcanvassed】
風速のわりに、セール面積が大きすぎる状態。強いウェザー・ヘルムが出て繰船が困難になる。逆はアンダーキャンバス。
→ウェザー・ヘルム

オーバーセール【overstand】
クローズホールドで帆走中、目的地へのレイラインを通り過ぎてしまった状態。ちょうどいいと思ってタッキングしても、その後、風向が変化するとオーバーセールになることもある。和製英語であり、正しくはオーバースタンドだが、そう言っている日本人はいないと思う。英語ではオーバーレイ、逆をアンダーレイともいう。
→レイライン

オーバートリム【overtrim】
セールのトリムがきつすぎる状態。アタック・アングルが大きすぎたり、ツイストが少なすぎたりする状態。
→トリム、アタック・アングル、ツイスト

オーバーハング【overhang】
船体の張り出し部分。バウのオーバーハングといえば、船首部の張り出し具合。最近のレース艇は、前後ともオーバーハングは少ない。

オーバーボード【overboard】
「船外に」、「船外へ」の意味。「マン・オーバーボード！」（man overboard）は、「落水者！」のこと。のんきにしている場合ではない。
→らくすい

オーバーライド【override】
ウインチへのリード角が悪いために、ウインチのドラム上でロープ同士が噛み込んでしまい、ニッチもサッチもいかなくなる状態。オーバーレイド（overlaid）と勘違いされがちだが、オーバーライド（override）が正しい。筆者も勘違いしていた。

オーバーラップ【overlap】
1：重なった状態。メインセールと重なるくらい大きいヘッドセールを「オーバーラップ・ジブ」という。重なりのないジブを「ノンオーバーラップ・ジブ」という。
2：RRSで定義される「オーバーラップ」は、2艇のヨットのうち、前方にいる艇の艇体および正常な位置にある装備の最後部から真横に引いた線と、相手艇の艇体および正常な位置にある装備の最前部から真横

に引いた線が重なった状態。

オーパイ
→オートパイロット

オープン・スナッチ・ブロック
[snatch block]

ブロック（滑車）の種類のひとつ。外周部がパカッと開き、ロープの途中からでも通すことができるようになっているブロック。便利なので、ひとつは積んでおきたい。海外では単にスナッチ・ブロックという。

オープン・トランサム [open transom]

コクピットから後ろが筒抜けで開口しているトランサム形状。レース艇に多い。
→コクピット、トランサム

オープン・ヨット・レース
[open yacht race]

ヨット・レースにもいろいろある。各地のチャンピオンを集めて行われるのは選手権、クラブの仲間内で行うのはクラブレース。そして誰でも参加できるレースをオープンレースという。クラブレースといっても、会員のみならず誰でも参加できるものが多いので、ここでいうオープンレースはもっと広域的で参加艇数が多く、スポンサーがついていたり、賞品も豪華だったり……というようなイメージ。
→いってこい、リーチング

オール [oar]

船を漕ぐための橈（かい）。支点を船に固定するのがポイント。支点を持たず、両手で握るのがパドル（paddle）。支点を軸にしてテコの力を用いるので効率がいい。
→パドル

オール・ハンズ（・オン・デッキ）
[all hands on deck, all hands]

ここでいうハンズは、手数（てかず）のこと。当直（ワッチ）以外のメンバーも、全員デッキに出て作業を手伝え、という意味。ヨットでもよく使われる。

おかきん [陸勤]

陸上勤務、または陸上に残るチームメンバー。ショア・クルーと同じような意味だが、あえて陸勤というと、下っ端的な意味合いが感じられる。ショア・クルーのように、特に海上に出ている者がなし得ない何かの役目があるわけではなく、ヨット・レースに出場させてもらえないという感じ。なんとなく陸上で待機って感じ。ショア・クルーと呼ぶようにしてあげたい。
→ショア・クルー

おきだし [沖出し]

沖よりのコースを取ること。逆は岸べた。ものすごく沖に出したつもりでも、海図で確認するとたいして変わらなかったりすることもある。
→きしべた

おすがた【雄型】

成型用の型のうち、型の外側に積層するものがオス型。型の内側に積層して成形するものをメス型という。メス型をモールドと呼ぶのに対し、オス型はプラグと呼ばれる。
→めすがた、モールド

オズモシス【osmosis】

FRPにおける癌ともいわれる現象。船体表面のゲルコートには微細な穴があるといわれ、ここから海水が進入し、樹脂内部から滲み出る化学物質を溶かして強い酸性の液体となる。これが周りの樹脂を溶かし……と、最終的には外板表面があばた状になってしまう。FRPは、丈夫で長持ち低価格と、ヨットやボートの建造にはうってつけだが、唯一の欠点が、このオズモシスといわれる。
→ゲルコート

おって【追手】

→おいかぜ

おとす【落とす】

ヨットが風下方向へコースを変えること。「下す」と書いて「おとす」と読んでほしいのだが、日本語としてそれはダメなのだそうだ。下す（くだす）という人もいるが、上り（のぼり）の反対は、下り（くだり）なので、この方が正しいのかも。英語ではベア・アウェイ、バウダウン。
→のぼる、ベア・アウェイ、バウダウン

オフショア【offshore】

沖の方へ、外洋。オフショアの風といえば陸から沖へ吹く風、オフショア・レースは外洋レースと訳す。
→インショア、がいようレース

おもかじ【面舵】

右回頭をする操舵。英語でいうとスターボード。左舵は取り舵。
→スターボード、とりかじ

おもて

船首。バウというのも一般的だが、おもてということも多い。舳（みよし）と呼ぶ人もいるが、こちらは少数派。
→バウ

オリンピック・コース【Olympic course】

オリンピックのセーリング競技で採用されるコース。現在のオリンピックではさまざまなコース・バリエーションがあるため、一般的には、かつて採用されていた代表的な三角形のコースを指すことが多い。
→トライアングル・コース

オルタネーター【alternator】

交流発電機。エンジンに連結され、Vベルトで回転を伝えている。直流のバッテリーに蓄えて使うので、整流器で直流に変換する。直流の発電機はダイナモ。
→ジェネレーター

おんきょうしんごう【音響信号】

目で見る視覚信号に対し、耳で聞くのが音響信号。原始的だが、視界不良時には有効。ヨット・レースでも、旗に代表される視覚信号に対して、ホーンや号砲などの音響信号を使う。この場合、主役は視覚信号で、音響信号はサブ。音の伝わる速度は光に比べてずっと遅いので、少し離れているだけでも時間差を生じる。

おんきょうそくしんぎ【音響測深儀】
→デプス・サウンダー

オン・ザ・ロック [on the rock]
座礁すること。英語のようだが、和製英語らしい。ボブ・マーレーの曲に「don't rock my boat」というくだりがあるが、あのrockは揺らす（rocking chairのrock）の意味。英語でいう座礁は「ヒット・オン・ザ・グランド（hit on the ground）」。
→ざしょう

オンス [ounce]
ヤード・ポンド法の重量の単位。記号は「oz」。1オンスは1ポンド（0.453592kg）の1/16で、28.3495グラム。セール・クロスの厚さを表す単位として使われている。アメリカを除くほとんどの国ではメートル法に変わっているというのに、迷惑な話である。

オンデッキ [on-deck]
「デッキの上に」の意。オンデッキ・マストというと、マスト下端が

デッキ上にあるもので、防水性に富むが強度面で不利になるので小型艇に多い。

か

カー [car]
コロの付いた台車。ヨットでは、トラベラー・カーとかジェノア・カーとか、セールのシートリードのために、ブロック位置を調節できるようにレール上を動く台車（といっても、とても小さい）を指す。
→トラベラー、ジブシート・リーダー、ブロック、トラック

ガース [girth]
周囲の寸法。日本語にするのが難しいが、船体でいうなら、ガンネルから船底経由で反対舷のガンネルまでをグルリと測った長さ。ガース・ステーションといえば、その計測ポイント。セールなら前縁から後縁までをピンと張って測った長さ。ミッド・ガースといえば、上下の中間部でのガース長さになる。

カートップ・ボート [cartop boat]
車の屋根に取り付けたキャリアに載せて運搬できるボートの総称。

カーボン・ファイバー
[carbon fiber (米), carbon fibre (英)]
炭素繊維。伸びが小さく、高強度で軽い。繊維としてロープやセール・クロスの素材に使われることもあるし、エポキシ樹脂などと組み合

わせて固めると強靱な船殻やスパーになる。
→エポキシじゅし、スパー

ガイ【guy】
スピネーカー・ポールなどのスパー先端からリードされ、そのスパーを固定、または調整するための索類。
→スパー、フォアガイ、アフターガイ

かいきょう【海峡】
陸と陸に挟まれた海域。水道も同じ意味だが、津軽海峡は演歌になっても、豊後水道は演歌になりにくい。よって海峡の方が演歌的であると言える。
→やしろあき

かいこう【回航】
1：物標（マーク）、島などを回り込むこと。
2：船を、ある港まで移動させること。

かいじょうこうつうあんぜんほう
【海上交通安全法】
国際条約に基づく海上衝突予防法に優先する日本の法律。東京湾、伊勢湾および瀬戸内海の特定の部分で適用される。

かいず【海図】
航海用の図。チャート（chart）。海上保安庁海洋情報部（旧・水路部）から発行されている。航海に必要なさまざまな情報が記載されており、電子海図が普及しつつある現在でも、非常に有用な資料である。

かいてんマスト【回転マスト】
→ローテーティング・マスト

かいとう【回頭】
船首の向きを変えること、あるいは変わることを古風にいうとこうなる。

かいとうき【回答旗】
アンサリング・ペナント。他船の旗旒信号を認めたら、この旗を途中まで揚げ、その信号が読めたらいっぱいに揚げる。ヨット・レースでは、スタートの延期を意味する。
→エー・ピー

がいはん【外板】
船体を覆う板張り。FRPのヨット、ボートでは、外板が船体そのものといえる。デッキは含まれない。
→こうはん、エフ・アール・ピー

かいふう【海風】
シーブリーズ（sea breeze）といわれることが多い。日中、海に比べて陸地の方が気温の上昇が早くなり、温まって軽くなった空気が上昇、そこへ海から風が吹き込む現象。海水温が低く、天候の安定している春から夏に多く、時に白波まじりの強風になることもある。

がいようヨット【外洋ヨット】

外洋を走るにたる装備を持ったセールボート。外洋クルーザーとも、単にクルーザーともいう。外洋クルーザーの中で、ヨット・レースを念頭におかれたものが外洋レーサー。セールを持たないモーターボートでも外洋レーサーはある。
→クルーザー、セールボート

がいようレーサー【外洋レーサー】

1：外洋レースで用いるヨット。実際にはインショア・レースの方がメイン、あるいはインショア・レース向けのレース艇でも、寝台や炊事設備があるものは外洋レーサーと呼んでいる。

2：外洋レース艇に乗るセーラー。この場合、本格的な外洋レースに出場する選手を指すことが多い。

がいようレース【外洋レース】

外海（そとうみ）で行われるレース。オフショア・レース（offshore racing）。日本でいえば小笠原レース、沖縄レースなど。比較的沿岸付近を走る鳥羽パールレースあたりは微妙な立場だが、なんとか外洋レースに入っている。外洋レースとインショア・レースを複合したシリーズ・レースもある。
→オフショア、インショア

かいり【海里、浬】

ノーティカル・マイル（nautical mile）。1,852m。緯度1分の長さに相当する。陸上のランド・マイル（1,609m）とは距離が異なるが、海の上で単にマイルといえば海里。
→マイル

かいりゅう【海流】

潮汐による潮の流れ（潮流）に対して、それ以外の海水の流れを海流という。潮の満ち干によって流れが変わる潮流と違い、海流はほぼ一定して流れる。とはいえ、黒潮は大きく蛇行することもある。日本では海上保安庁が、定期的に日本近海の海流情報を発表している。

かえす【返す】

「タックを返す」でタッキングすること。これを単に「返す」と表現する。ジャイビングでも同様に使う。

かくへき【隔壁】

→バルクヘッド

がくれん【学連】

学生ヨット連盟の略。「学連出身」、「学連あがり」といえば、大学の体育会ヨット部OBで、ヨットがうまい（はず）という意味。その頂上戦「全日本学生ヨット選手権」出場者は、草野球でいうと甲子園経験者くらいの重みがある。逆に、レース中に怒鳴り散らす悪癖を持つことも少なくないことから、「あいつ、うるさいよな」、「学連あがりだからな」と敬遠される場合もある。いずれにせよ、良くも悪くも日本独特の雰囲

気を持つ団体。

かこうはんえん【可航半円】
　台風などの熱帯低気圧の進行方向に向かって、北半球では右側、南半球では左側が特に波風が強くなり、危険半円と呼ぶ。その反対円が可航半円。ただし、可航とはいえ危険半円に比べればマシという程度で、安全なわけではない。できれば居たくない場所である。
→きけんはんえん、たいふう

かざかみ【風上】
　風の吹いてくる方向。単に上（かみ）ともいう。風上側は上側（かみがわ）だ。風上にいる艇は「風上艇」、「上艇（かみてい）」ともいう。風上にあるマークは「風上マーク」、「上マーク（かみまーく）となる。
→かみしも、しも

かざかみエンド【風上エンド】
　ヨット・レースにおける、スタート・ラインの風上エンド。上（かみ）エンド。スタート・ラインは通常、風向に対して直角にセットされる。レースのスタートはスターボード・タックで通過するのが普通なので、風上エンドはスターボード側エンド（右エンド）になる。一般的にはライン右側に本部船が位置するので、「本部船より」ともいう。スタート・ラインが傾いていて、左エンドの方が風位に近くても、風上エンドは右エンドだ。
→かみいち、タック

かざかみこう【風上航】
　風上へ向かって走ること。
→クローズホールド、ビーティング、アップウインド

かざしも【風下】
　風上の反対が風下。単に下（しも）ともいう。風下にいる艇は「風下艇」、「下艇（しもてい）」ともいう。風下にあるマークは「風下マーク」、同じく「下マーク（しもまーく）」となる。

かざしもエンド【風下エンド】
　ヨット・レースにおけるスタート・ラインの風下側エンド。左エンド。下（しも）エンド、ピン・エンドとも。
→かみ、しもいち

かざしもこう【風下航】
　風下へ向かって走ること。
→フリー、ランニング、ダウンウインド

かざなみ【風波】
→かぜなみ

かざみ【風見】
　見かけの風向を知るための仕掛け。矢羽根などの動きを目で追い、直接風向を知るような原始的なものをいう。メーター類に表示するものは風向計という。また、セールにつ

いたテルテールも、風向を見るわけではないが風見と呼ばれる。
→みかけのかぜ、テルテール

かじ 【舵】

1：船の向きを変える、あるいは直進させるための板。ラダー。

2：操舵装置全体、あるいは操舵のためのハンドルを舵ということもある。

3：1932年創刊のヨット、モーターボート雑誌。KAZI。

かじとり 【舵取り】

→ヘルムスマン

ガジョン 【gudgeon】

アウトボード・ラダーの船で、トランサムに舵を取り付けるための留め金。穴が開いていて、受ける方がガジョン。穴に入る軸棒がピントル。
→アウトボード・ラダー、トランサム、ピントル

ガスケット 【gasket】

短いひもの類を、総じてこう呼ぶ。本来はブームなどにセールを束ねて縛るための細索。巻き付ける（gather）から来ているらしい。日本ではセール・タイと呼ぶことが多い。セールを結ぶ（tie）からセール・タイ。ちなみに防水目的などに用いられるパッキンもガスケットなので混同しないようにしたい。

ガスト 【gust】

突風。風の強い部分。ブロー。転じて、風の強弱の激しいさまをガスティー（gusty）という。日本ではパフ、ブローと呼ぶことが多いが、英語圏のセーラーはガストと呼ぶことが多い。筆者はニュージーランド人に「パフじゃねーよ、ガストだよ」と言われたことがある。アメリカ人にはシュート（shoot）と呼ぶ人もいる。とにかく何でもいいから、仲間内で呼び方を統一しておきたい。

かぜなみ 【風波】

「かざなみ」、「ふうは」とも読む。風浪も同じ。その場の風が起こした波のことで、うねりと区別するためにこう呼んでいる。
→うねり、なみ

カタマラン 【catamaran】

双胴艇。語源はタミル語のkatta-maram（tied wood、縛った木材）らしい。現在のカタマラン・ヨットは、スマートな形状のものが多い。幅が広い分、初期復原力が大きくなるため、バラスト・キールがいらない。すなわち軽量でスピードが出る。
→トライマラン

かっしゃ 【滑車】

→ブロック

かっそう 【滑走】

→プレーニング

カッター 【cutter】

1：1本マストで2枚以上の前帆（ジブやフォアステイスル）からなる帆装。カッター・リグ。

2：複数の乗員によってオールで漕ぐタイプの端艇。帆走もできる。昔は軍艦などに搭載されていたが、現在は救命艇、あるいは訓練に使われることが多い。

カット【cut】

セールの裁断形式。生地の伸びに対抗し、その形状を保つべく、クロス・カット、ラジアル・カットなど裁断形式が工夫されている。
→クロス・カット、ラジアル・カット

カッパ【合羽】

雨合羽のカッパ。ヨット用のものは、生地自体の防水性が優れ、蒸れない素材も導入され、襟元やフード、袖口なども工夫されている。オイルスキン、ヘビー・ウェザー・ギア、ファール・ウェザー・ギアなど呼び方もいろいろあるが、やはり日本では「カッパ」という言い回しが一番多く使われる。

カナード【canard】

船首に設けられた舵。古くは渡船などで後進中に使うものであったらしいが、現在では、カンティング・キール艇が揚力を得るためなど、先進的なレースボートで性能向上の手段として使われている。ただし、筆者はホンモノを見たことがない。
→カンティング・キール

カニンガム・ホール【cunningham hole】

メインセールのラフを、下方向に引くコントロール・ライン用の穴。「カニンガムを引く」といえば、ここにリードされたコントロール・ライン（ダウンホール）を引いて、メインセールのラフにテンションをかけること。ニューヨークのブリッグス・カニンガムという人が考え出したところから、こう呼ばれる。
→ダウンホール

カヌー・ボディー【canoe body】

フィン・キールや舵などのアペンデージを除いた艇体のこと。アペンデージは飛行機でいうと翼のようなものだと考えると、艇体そのものをこうして呼ぶことになるのだろう。
→アペンデージ

ガバナー【governor】

調速機。ディーゼル・エンジンにおいて、回転速度を制御する部分。スロットル。

ガフ【gaff】

ガフ・リグにおいてセールの上辺を支えるスパー。

ガフ・リグ【gaff rig】

不等辺四角型のセールの上辺をガフで支える形式の帆装。クラシックなスタイルだが、OP級ディンギーなどでわずかに残っている。

かみいち【上一】

スタート・ラインの風上エンド（右端）から、一番目のポジション。1上（いちかみ）というと最初の風上マークなので、混同しないように。
→いちかみ、かざかみエンド

かみしも【上下】

海事用語で右はスターボード、左はポートだ。しかしヨットでは、右左よりも風向に対して風上か風下かが重要になる。デッキの上でもキャビンの中でも、ポート／スターボより、風上／風下で区別することが多い。「ポート側のロッカー」を「上側（かみがわ）のロッカー」といったりする。これは、上段のロッカーではなく、風上舷にあるロッカーのこと。風下舷なら「下側（しもがわ）」になる。
→かざかみ、かざしも

かみとっぱ【上突破】

風上側から抜き去ること。このとき、風を奪われるのを嫌う風下艇は、ラフィングして攻撃してくるかもしれない。上突破を成功させるには、日頃の上下関係（この場合は風上・風下ではなく、立場の上下）が重要であったりする。

かみゆうり【上有利】

ヨット・レースのスタートで、風上エンド（本部船側）からスタートした方が有利な状況。風向が右に振れている場合などにそうなる。

→かざかみエンド

カム・クリート【cam cleat】

クリートの一種。バネ仕掛けのカムでロープを挟むようにして留めるもの。簡単にかけられるが、一度ロープを引かないと外しにくい。安物は、強い力がかかると、とても外しにくい。できるだけ高いものを買った方が、ロープのためにも人間のためにもいい。
→クリート

ガムテ

ガムテープの略。茶色い布製の荷造りテープのことだが、アメリカのガムテープは銀色をしていて、ダクトテープ（duct tape）という。日本のガムテより強力で弾力もあるので、我が国でもレースボートにはよく使われる。これを「ギンテ」と呼ぶこともあり。品揃えの多い船具屋で売っている。同様に、ビニールテープはビニテと略称される。

ガラスせんい【ガラス繊維】

ガラス繊維（グラスファイバー）そのものは、ガラス原料を溶解して15～20ミクロン径の繊維としたもの。この繊維を短く切って束ねたものがマット、糸状にしたり束にしたりして織ったものがクロス、ロービング・クロスという。そのように、積層に使う形状にしたものをガラス繊維基材と呼ぶ。ガラス繊維基材にポリエステル樹脂などを含浸させ固

めたものがFRPだ。
→グラスファイバー、エフ・アール・ピー

がらみ【spiral lacing】
ヨットや帆船で、セールをブームやガフに縛り付ける方法。リーフした後、余った部分をブームに縛り付けるための雑索（正しくはこれがリーフロープ）を、がらみロープと呼ぶこともある。

カリブレーション【calibration】
→キャリブレーション

ガルバナイジング【galvanizing】
亜鉛メッキをすること。
→あえん

ガン・ポール
→バウ・ポール

ガンクホーリング【gunkholing】
浅くて奥まった入江などをアンカリングしながらクルージングを続けること。
→あんかりんぐ、クルージング

かんげん【乾舷】
→フリーボード

かんせつれいきゃく【間接冷却】
エンジンの冷却方式のひとつ。ポンプで汲み上げた海水でエンジン冷却水（清水）を冷やす方式。機関を塩害から守るというメリットがある

反面、重量増につながる。
→ちょくせつれいきゃく

カンティング・キール【canting keel】
バラスト・キールを風上側に傾かせることによって、より大きな復原力を持たせるキール。逆に考えると、同じ復原力を求めるときには、固定キールよりもバラストを軽くできる。高性能のレーシングヨットのために開発されたシステムで、通常は油圧でキールを左右に振る。ただしキールを振り上げると、キールの翼としての効率が悪くなり、横流れが大きくなる。そこで、別にカナードやダガーボードを設けるなどして、水面下の揚力を稼ぐ必要が生じる。こうした一連のシステムとして特許をとったものに、「カンティング・バラスト・ツイン・フォイル（Canting Ballast Twin Foil Technology：CBTF)」がある。
→カナード

ガンネル【gunwale】
船体の上の縁。上といってもどのあたりからが上なのか、帆船と違ってヨットはツルンとしているので分かりにくい。日本語にすれば舷か。デッキ端と接している部分＝レール（rail）も、ほぼ同じ部分を指す。
→レール

かんのんびらき【観音開き】
追い風での帆走中、メインセールの逆側にジブを開いてセーリングす

ること。左右の扉を中央から両側に開くさまを観音開きといい、仏壇などに用いられるさまからこういう。単に「観音」とも。
→おいかぜ

き

ギア【gear】
1：道具、用具、装備一式。デッキに備えてつけてあるものは「デッキ・ギア」。
2：衣服。ユニフォームやカッパは「クルー・ギア」。
3：歯車。ウインチの中の歯車も「ギア」。

きあつ【気圧】
大気の圧力。大気圧。単位はヘクトパスカル（hPa）。

ギア・ラウンド【gear round】
スピンシート、アフターガイ、スピンハリヤードを束ねて、反対舷に移動すること。この場合の「ギア」は、シャックルやロープ類を差す。

キーボード（キーボーダー）
【keyboard, keyboarder】
ドッグハウス（キャビントップ）上に、ハリヤード類のストッパーがずらっと並ぶとキーボードのように見えるため、それを操作するクルーをこう呼ぶ。一般的にはピットマン。
→ピット

キール【keel】
竜骨。本来は船底を前から後ろまで通して配置された部材で、ちょうど船の背骨のような存在。しかし現在のFRP製ヨットでは、こうした部材はない。船首から船尾までの船底中心部をキールということもあるが、船底後半はフラットだったりするので、これでもちょっと困る。代わりに、バラストを兼ねた翼型のフィン・キールがぶら下がっているので、これを主にキールと呼ぶようになっている。バラスト・キールを備えたヨットを特にキールボートと呼んで、センターボーダーと区別している。
→キールボート、センターボーダー

キール・ストラット【keel strut】
バルブ・キールのバルブを支える翼状の部分。
→バルブ・キール

キール・バルブ【keel bulb】
重心を下げるため、キール下端に取り付けられた砲弾状の鉛の固まり。砲弾状のバルブ部。それをぶら下げる板をキール・ストラットという。バルブ部で復原力を、ストラットは揚力の発生を担当する。
→キール・ストラット、ようりょく

キールボート【keelboat】
バラスト・キールを備えたセールボート。ドラゴン級、ソリング級、J/24級、アメリカズ・カップ級など。一般的なセーリング・クルーザーも

キールボートの範疇に入る。
→センターボーダー

キール・ボルト [keel bolt]
　バラスト・キールを船体に取り付けるための太いボルト。

キウイ・ドロップ [Kiwi drop]
　風下マーク回航時のスピネーカー回収パターンのひとつ。ジャイビングの途中でスピネーカー・ポールをオンデッキにし、フロートさせた状態から左舷側にスピネーカーを取り込む方法。誰が言い出したか知らないが、こう呼ばれることがある。実際にはニュージーランド人（キウイ）のセーラーは同様のシチュエーションで「メキシカン！」と叫んでいた。
→フロート・オフ

きけんはんえん [危険半円]
　台風など熱帯低気圧の中心付近の水域で、その進行方向と中心に吹き込む強風の方向が同じになる側（北半球では右側）は特に風が強くなる。この半円を危険半円と呼び、特に前半分を危険四分円と呼ぶ。
→かこうはんえん、たいふう

きしべた [岸ベタ]
　岸に沿って走ること。岸に寄せて走ること。
→おきだし

きしょうファクス [気象ファクス]
　天気図、予報図、台風針路予報などを無線ファクシミリで受信するシステム。専用の受信機やパソコンで取り込むことができる。

きせつふう [季節風]
　季節によって卓越する風。日本では冬、冷え込んだ大陸内部の高気圧から冷たい北西風が吹き付ける。

ぎそう [艤装]
　船の装備全般。恒久的に取り付けられているものもあれば、ロープ類など出艇するたびに取り付け、取り外すものもある。朝、マリーナに着いたらまずは艤装、セーリング終えたら解装（かいそう）となる。
→フィッティング

きだん [気団]
　冷たい、暖かい、湿っている、乾いているといった要素によって分けられる大気の塊。移動したり停滞するなどして、異なる性質の気団がぶつかり合うと、前線ができる。
→ぜんせん

キッキング・ストラップ
[kicking strap (英)]
　ブーム・バング。キッカーということもある。
→ブーム・バング

キックアップ・ラダー
[kickup rudder]
　跳ね上げ式の舵板。砂浜に上げる時（ビーチング）など、舵を跳ね上

げて海底にこすらないようにする。

きっすい 【吃水、喫水】
　水面から船底までの深さ。ドラフト。ヨットの場合は、一番深い部分（キール下端部分）の深さをいう。

きとうしきマスト 【起倒式マスト】
　移動に便利なように、簡単に起倒を行えるように工夫したマスト。トレーラブル艇や、橋をくぐらないと泊地の出入りができないような場合に用いる。
→トレーラブル・ボート

きはんそう 【機帆走】
　セールとエンジンを併用して走ること。

キャスト・オフ [cast off]
　ウインチに巻き込まれたシート類を一気に放す動作。ダンプともいう。

キャット [cat]
　カタマラン（catamaran）の略語。
→カタマラン

キャット・リグ [cat rig]
　1枚帆のリグ。同じセール面積ならば、1枚より2枚のセールを展開した方が、より効率よく前進力を生み出すことができる。1枚帆であるのは経済性もさることながら、1人で操作しやすいから。

キャップ・シュラウド [cap shroud]
　スタンディング・リギンのうち、一番上からとるシュラウド。別名、アッパー・シュラウド、アッパー・サイドステイ、アッパー・ステイ。
→アッパー・シュラウド、スタンディング・リギン

キャノピー [canopy]
→ドジャー

キャビン [cabin]
　船室。バウ・キャビン（フォクスル）、アフトキャビン。中央はメイン・キャビンというよりメイン・サロンということが多い。また、デッキの下という意味で、ダウンビロー（downbelow）と呼ぶことも多くなってきている。
→ダウンビロー

キャビン・ソール [cabin sole]
　キャビンの床。

キャビントップ [cabin-top]
　キャビンの屋根の部分。甲板から飛び出ていて、窓のある側面と屋根と呼べる部分との境目は分かりづらいので、飛び出ている部分を全体的にキャビントップと呼ぶことが多い。コーチルーフともいうし、ドッグハウスという場合もある。
→コーチルーフ、ドッグハウス。

キャプサイズ [capsize]
　転覆。
→ちん

キャリブレーション【calibration】
　較正。計器（インストルメンツ）の精度を高めるため、風向、風速、ボート・スピードなどの誤差を修正する作業。
→インストルメンツ

ギャレー【galley】
　船の炊事場。船ではキッチンという呼称はほとんど使われない。古代の手こぎ軍艦、ガレー船のガレーも同じ綴り。

ギャレー・ストーブ【galley stove】
　キッチン・コンロ。暖房器具ではない。コンロ（焜炉）は日本語なので、ストーブは特にヨット用語というわけではない。

ギャロース、ギャローズ【gallows】
→ブーム・ギャロース

キャンバー【camber】
　反り。デッキのキャンバーといえば、デッキ断面の反り。セールのキャンバーは、風を受けたセール断面の膨らみのこと。

キャンバス【canvas】
　帆布。現在はセールの素材として帆布が使われることはないが、オーバーキャンバスというと、セールのエリアが大きすぎることをいう。
→オーバーキャンバス

きゅうめいいかだ【救命筏】
→ライフ・ラフト

きゅうめいどうい【救命胴衣】
→ライフ・ジャケット

きゅうめいふかん【救命浮環】
　落水者を救助するための浮き輪。ライフ・リング。基本的には船とは接続せずに落水者に投げ渡すもので、近くにいる落水者を引き寄せるヒービング・ラインとは区別して考える必要がある。強い風で吹き飛ばされないようにシー・アンカーを接続、あるいは目立つように竿（ダン・ブイ）や自己点火灯も一緒に結びつける。落水者が体に装着しやすいように、最近は輪ではなく、一端が開いた馬蹄形のものが多い。

きゅうめいふき【救命浮器】
　小型船舶の安全備品のひとつ。浮き輪を大きくしたような浮き板。いかだ状をしているが、上に乗るというより、周りにしがみつくようにして使う。

ぎょたん【魚探】
　魚群探知機。超音波を水中に発射し、魚群からの反射を検知して画面に表示する装置。深海以外では、測深儀としても使用できる。
→デプス・サウンダー

キンク【kink】
　よじれ。ロープやワイヤ・ロープがねじれて、よりが溜まって結び目

のようになってしまう状態。
→フレーク

キングストン・バルブ 【kingston valve】
　水抜き栓。略してキントンとも。浮力体部に入った水を抜くためにある。閉め忘れると水が入って大変なことになる。語源は米国の会社名という説がある。

く

クイックストップ 【quick-stop】
　セーリング・クルーザーでの落水者救助法。艇を風上に向けることにより、ただちに艇速を落とした後、ヘッドセールに裏風を入れながらタッキングし、そのままジャイビングして落水者に接近する。
→タッキング、ジャイビング

グースネック 【gooseneck】
　ブームの付け根の艤装品。上下左右に自在に動くようになっている。強風下でジャイビングに失敗すると、ここが壊れやすい。

グースネック・ベンチレーター 【gooseneck ventilator】
→カウルヘッド・ベンチレーター

クォーター 【quarter】
　1/4という意味だが、ヨットに限らず英語ではいろいろ使われる。コインでクォーターといえば1ドルの1/4で25セントのことだし、ヘッド・クォーターというと何故か本部を意味する。で、海の上ではクォーターは斜め後ろとか、船尾付近を表す言葉として用いられる。

クォーター・デッキ 【quarter deck】
　後甲板。船尾甲板。帆船では、メインマスト（mainmast）から後部の甲板のこと。大航海時代、この部分は船の指揮を執る場所として一段高く造られていた。19世紀に入ってフラッシュ・デッキ（flush deck、平甲板）の近代帆船になってからもこの伝統は残り、後部甲板は、船長と士官以外は勝手に立ち入らないことになっていた。
→フラッシュ・デッキ

クォータートン（・カップ・クラス） 【Quarter Ton (Cup) class, 1/4-Ton (Cup) class】
→トン・カップ・クラス

クォーター・バース 【quarter berth】
　メイン・サロンの斜め後ろにあるバース。クルージング艇では立派な部屋になっていることも多いが、レース艇ではコクピット形状から穴蔵のようになる。でも、これがなかなか帆走時には寝心地がいい。
→バース、クォーター、コクピット

クォーターリー
→クォータリング

クォータリング 【quartering】
　斜め後ろから風を受けて走るこ

と。日本では、クォータリングが訛って、クォーターリーと呼ばれることが多い。ブロードリーチともいう。

くさび 【楔】

マスト・カラーとマストの隙間を埋めるための木片、プラスチック片をくさびという。
→マスト・カラー

グラインダー 【grinder】

本来は研磨機のことだが、それをウインチに見立てて、ウインチを回すポジションをグラインダーと呼ぶ。日本ではクランカーという場合もある。ウインチ・ハンドルがクランク状になっていて、これを回すからだ。

グラスファイバー 【glassfibre (英)】

FRPに用いるガラス繊維。それだけで断熱材や吸音材に用いることもある。グラスファイバー自体は単なる繊維であるからFRPの素材のひとつにすぎないが、グラスファイバー・ボートといえば、グラスファイバーをポリエステル樹脂などで固めたFRP製のボートを指す。
→ガラスせんい、エフ・アール・ピー、ジー・アール・ピー、ファイバーグラス

クラス・ルール 【class rule】

クラスごとに定められたルール。船や装備の形状や材質、扱い方、乗組員の資格などが決められている。

クラッチ 【clutch】

1：エンジンの出力をプロペラにつなぐ装置。前進、後進、中立と切り替えられる。

2：オールとボートを固定する部品。

グラディエント 【gradient】

勾配、傾斜度。ヨット用語としては、風速と、それにともなって見かけの風向が高度によって変化していく過程の勾配をいう。「今日はグラディエントが大きい」といえば、海面付近よりもマストヘッドの風速がより高めであるということ。セールのツイスト量を多めにとらなければならない。ヨット用語とはいいがたいが、最近はたまに使われる。
→ツイスト

グラブ・バッグ 【grab bag】

非常時に持ち出すための備品をまとめて入れておくバッグ。ISAF-SRでは、航行区域によって、懐中電灯、信号紅炎、ナイフ、非常食、非常用無線機など、グラブ・バッグに入れる装備が規定されている。
→エス・アール

クラブ・ヒッチ 【clove hitch】

巻き結び、とっくり結び。正しくはクローブ・ヒッチ。

グラブ・レール 【grab rail】
→ハンドレール

クラム・クリート [clam cleat]
　クリートの一種。溝の中にロープを挟むようにして留める。可動部がないので壊れにくい。

グラメット [grommet, grummet]
→グロンメット

クランク [crank]
　ウインチを巻く動作。日本ではウインチを巻く人をクランカー、クランク・マンというが、英語圏のセーラーはグラインダーと呼ぶ方が多い。同様にスピネーカー・トリマーがクランカーにウインチを巻くよう指示する時は「クランク！」と叫ぶことが多いが、英語圏のセーラーは「トリム！」と叫ぶ。スピンが潰れ、めいっぱい巻いて欲しい時は「ビッグ・トリム！」という。
→グラインダー

グランド・パッキン [gland packing]
　スターン・チューブから船内に水が漏れ出さないようする目止め。

グランドファーザリング [grandfathering]
　古いヨットの現行ルール不適合を救済し、適合を認める措置。

クランプ [clamp, cramp]
　締め付け金具、締め具。

クリア・アスターン [clear astern]
　RRSに定義される用語。艇体および正常な位置にある装備が、相手艇の艇体および正常な位置にある装備の最後部から真横に引いた線より後ろにいる艇。
→クリア・アヘッド、アール・アール・エス

クリア・アヘッド [clear ahead]
　RRSに定義される用語。艇体および正常な位置にある装備が、相手艇の艇体および正常な位置にある装備の最前部から真横に引いた線より前にいる艇。
→クリア・アスターン、アール・アール・エス

クリア・エア [clear air]
　周囲に障害物や他艇がない状態で受ける風。反対に、他艇などによって乱された風をシット・エアと呼ぶ。ヨット・レースでは、クリア・エアを求めて位置取りをする。

クリート [cleat]
　ロープを留めるための艤装品。用途によって、さまざまな形状、大きさのものがある。
→クラム・クリート、カム・クリート、ジャマー

グリーンフラッグ [green flag]
　緑色の旗。マッチ・レースでアンパイアが審判に使うもので、違反がなかったことを示す。

グリニッジひょうじゅんじ

【グリニッジ標準時】

　Greenwich Mean Time（GMT）。世界標準時（universal time：UT）。経度0°を基準にしている。天気図など、時差の異なる広範囲をカバーするものは混乱しないようにGMTで時刻を表すことが多い。

クリュー 【clew】

　セールの後端。乗員のクルー（crew）と分けるためにクリューと表記しているが、日本語では「r」と「l」の発音に差はないので、ややこしい。クリュー・アウトホール（clew outhaul）といえば、クリューを後ろへ引く艤装。
→アウトホール、巻末図

クリュー・ベルト 【clew belt】

　ルーズ・フット式のメインセールで、クリューをブームに取り付けるベルクロのテープ。別名、クリュー・タイ、ブーム・タイ。
→ルーズ・フット、ベルクロ

クリングル 【cringle】

　セールに設けられた穴。単なる穴は「アイ」だが、はめ輪で補強されると「クリングル」になる。同意語としてアイレット（鳩目）、グロメットといろいろあるが、違いが今ひとつはっきりしないのは帆船時代の用語が現在の部品や用法に紛れて混乱しているからだと思われる。
→グロメット

クルー 【crew】

　乗組員。船長と旅客、ゲストを除くすべてを指す。

クルーザー 【cruiser】

　居住設備を備えてクルージング（巡航）を行うプレジャーボート。キャビン付きモーターボートを「モータークルーザー」、キャビン付きセーリング・ボートを「セーリングクルーザー」と呼び分ける。本来は、巡洋艦のことを指す。
→クルーザーレーサー、レーサー

クルーザーレーサー 【cruiser-racer】

　レーシング・ディンギーに対して、キャビン付きのレース艇をクルーザーレーサーという人もいるようだが、ちょっと違う。クルージング（巡航）を目的に造られた船をクルーザー、あるいはクルージングボートという。クルーザーは、安全に航海し、ゆとりをもって船内生活ができるように設計建造されている反面、レースで他艇と競うことは考慮されていない。対して、たまにはレースにも出られるように考慮されているヨットをクルーザーレーサーという。さらには、レースの方が主体でたまにクルージングもするかも……というのがレーサークルーザー（racer-cruiser）、レースしか頭にないのがレーサー、その上、金に糸目をつけないレーサーをグランプリ・レーサーという。

クルーザー・レーティング
[cruiser rating, CR]

レースを主目的としないヨットでも手軽に公平なレースが楽しめるよう、旧・日本外洋帆走協会(現・日本セーリング連盟)が管理、運営していた簡易レーティング規則。略してCRといった。現在はORCクラブがそれに代わっている。
→オー・アール・シー・クラブ

クルージング [cruising]

巡航し、楽しむこと。一般的には泊まりがけの海の旅をいい、日帰りのデイ・クルージングとは何となく使い分けられている。

クルージング・スピード
[cruising speed]
→じゅんこうそくりょく

グルーブ [groove]

1:溝。マストにおけるグルーブは、メインセールのボルトロープを通す溝。ヘッドフォイルのグルーブは、ジブのボルトロープを通す溝。

2:ヘルムの許容範囲。グルーブが広い、狭いといえば、クローズホールドでの許容範囲の幅を表す。適当な日本語訳はないが、強いていえば、ヨットが海面上の溝に沿って進んでいると考えて、その溝が狭いか広いかという感じ。いや、ここでいうグルーブはもっと雰囲気のある言葉でもある。ジャズでノリのいい演奏を「グルーブ感がある」といったりするが、そんな感じ。英語辞書によれば『楽しいこと【経験】、すてきな【いかす】もの』という意味もある。クローズホールドで「ノってる」感じ、イカした走りができている状態。うん、そんな感じ。

グレーティング [grating]

十字格子に組んだ床板。

クレードル [cradle]

船台。
→せんだい

クレーン [crane]

本来は鶴という意味。クレーン車のクレーンだ。ヨットでは、マストトップの後ろに出っ張っている部分を指す。クレーンの後端にバックステイが付き、メインセールのリーチと干渉しにくくしている。クレーンの上には、風見やアンテナ、風向・風速計のセンサーなど、いろんなものが付く。

クレビス・ピン [clevis pin]

ターンバックルやシャックルを留めるための丸棒。頭が潰れていて、反対側には小さな穴が空いている。この穴にコッター・リングかコッター・ピン(割ピン)を差し込んでロックする。
→コッター・リング、コッター・ピン

クローズホールド [close-hauled]

セールボートがそれ以上、風上に向かっては走れない状態。「上り」、地域によっては「ツメ」ともいう。そのまま目的地に到達ができるようなら「片上り」。タッキングを繰り返さなくてはならないようなら「真上り」、「マッツメ」となる。
→ビーティング、アップウインド、のぼり

クローズリーチ【close-reach】

クローズホールドとビームリーチ（アビーム）との中間の帆走。

クロス【cloth】

布。セール・クロスといえば、セールを作るための布地。UVクロスといえば、オーニングなどに用いる紫外線よけの布地。また、ビーティングのレグのことをクロスということもあるが、こちらのクロスはcross。十字に交差しながら走るからだと思われる。
→セール・クロス

クロス・カット【cross cut】

セール生地の配置方法のひとつ。力のかかるリーチ部に伸びが少ないセール・クロスの短辺を合わせたもので、シームがほぼ水平方向になるのでホリゾンタル・カット（horizontal cut）とも呼ばれる。最もオーソドックスなクロス配置。

グロンメット【grommet, grummet】

セールなどに空けた穴を補強する金属のリング。そもそもはロープの輪だったらしいが、現在はそんなものは使われていない。金属製の鳩目（メタル・グロンメット）を指す。
→クリングル

け

げいかく【迎角】

迎え角。
→アタック・アングル

けいせん【経線】

赤道を0°とする緯線に対して、地球を縦に割った線が経線。経度（longitude）の線。緯線との大きな違いは、極地方にいくにつれ、その間隔が狭まっていくところ。大部分の海図で使うメルカトル図法ではこれを平行に表し、角度を一定に保っている。
→けいど、メルカトルずほう

けいせんさく【係船索】

船を係留するための索具。ムアリング・ロープ（mooring rope）、ドック・ライン(dock line)、舫（もや）いロープ、舫（もや）い索ともいう。ショックを和らげるため、弾力のある材質がよい。
→バウ・ライン、スターン・ライン、スプリング・ライン

けいそく【計測】

ヨット・レースにおいて、クラス・ルールに適合しているかを検査すること。またハンディキャップを

決めるために所要寸法を測ること。メジャメント。計測する人は計測員（メジャラー）という。

けいそくしょうしょ【計測証書】
計測を行った上で、クラス・ルールに適合していることを証明する書。ハンディキャップのあるクラスではレーティング証書という。
→レーティング

けいど【経度、longitude】
イギリスの旧グリニッジ天文台を通る経線を基点とし、各経線までの角度のこと。東回りが東経、西回りが西経。東経、西経180°がほぼ日付変更線となる。
→いど、けいせん

ゲイン【gain】
利益を得ること。ヨット・レースでは、他艇との位置関係における利益をいう。「ゲインした」、「ゲインされた」というように用いる。すごいゲインは「ビッグゲイン」。「超ゲイン」とはいわない。

ゲージ【gauge, gage】
間隔。ヨット・レースでは、他艇との高さの間隔をゲージという。クローズホールドでは、風下艇の上り角度が良ければ互いのゲージは詰まっていく。風上艇の様子はヘルムスマンとメインシート・トリマーからは見にくいので、クルーはただボーっとハイク・アウトしていないでライバル艇とのゲージに注目。たとえば風上にいる相手艇に対し、次第にゲージが狭まっていけば「ハイヤー」、開いていくようなら「ロワー」とコールしよう。

ケース【case】
レース中の事件。ルール違反によって抗議の対象になる事象。「ケースを起こした」、「ケースで失格になった」という使い方をする。

ゲート・スタート【gate start】
スタート方法のひとつ。1艇のパスファインダー（ラビット）がポート・タックのクローズホールドを走り、レース参加艇が、パスファインダー直後を横切るように次々とスターボード・タックでスタートする方法。パスファインダーの航跡がスタート・ラインとなる。

ゲート・マーク【gate mark】
風下マークを2つ設け、どちらを回ってもOKとしたもの。レース戦術に幅をもたせることができる。普通のソーセージ・コースが物足りなくなったら、ぜひお試しを。

ゲール【gale】
強風、嵐。
→ビューフォートふうりょくかいきゅう

ケッジ・アンカー【kedge anchor】
主に用いる錨より小さな第2の錨。

予備としてのみならず、小回りが利くので離礁の際など、多くの使い道がある。
→アンカー

ケッチ【ketch】
2本マストで、後ろのマストが前のマストより短く、なおかつ舵より前に付いている帆装のヨット。

けつなめ【けつ舐め】
スターボード・タックの艇とミートする際、前を横切れないため、わずかに船首を落として相手の船尾をかすめていくこと。「けつ舐めて右海面行こう」というような使い方をする。
→ディップ

ケブラー【KEVLAR】
1960年に開発されたアラミド繊維で、デュポン社（米国）の商標。高強度で弾性率も高く、繊維がしなやかで、曲げに対する強さにもある程度は優れているので、レース用セール・クロスの材料として用いられることが多い。また、熱にも強く、防弾チョッキにも用いられるほど耐衝撃性も高いので、船体材料や一部の補強部材にも用いられる。
→ブレード・ロープ、セール・クロス、ハイテクそざい

ゲルコート【gelcoat】
FRPの表面を覆う樹脂。メス型の内側に塗布し、その上にガラス繊維を積層して離型すると、ツルツルで綺麗なゲルコートの表面になる。英語としての発音はジェル・コート。
→エフ・アール・ピー、めすがた

げん【舷】
船の側面。
→うげん、さげん

げんそく【舷側】
水面からデッキの縁（ガンネル）までの部分。トップサイドともいう。
→ガンネル

げんていえんかい【限定沿海】
日本の小型船舶に適用される航行区域のひとつ。沿海区域をベースに、母港からの距離を勘案して限定された区域。もっぱらマリーナ内での宴会で使用するヨットを「限定宴会仕様」ともいう。
→えんかいくいき

げんていきかくきゅう【限定規格級】
ヨットの長さ、幅、セール面積などに制限を設け、その範囲内で自由な艇を設計、建造し、着順勝負でレースを行うクラス。英語にすると、かつてはディベロップメント・クラス（development class）、今ではボックス・ルール・クラス（box rule class）と呼ばれる。外洋レース艇で人気が出つつある。

げんていきんかい【限定近海】
小型船舶に適用される航行区域の

ひとつ。あまり聞き慣れないが、船舶に積む搭載艇にだけ適用され、搭載している船舶から5海里以内というもの。

げんとう【舷灯】

航海灯のうち、左右の舷を示すもの。右舷が緑色、左舷は紅色（赤）。左右をひとつにまとめた両色灯（りょうしょくとう）、また船尾灯と合わせて三色灯（さんしょくとう）というのもある。
→こうかいとう

こ

コア【core】

心材。
→しんざい、サンドイッチこうぞう

コイル【coil】

ロープを整理するため、輪を作ってまとめること。束ねかたにはいくつもの方法があるので、艇上では統一したい。
→フレーク

こうかい【航海】

海の上を移動すること。そのための技術と知識が航海術、ナビゲーション。
→ナビゲーション

こうかいとう【航海灯】

航海中の船は、日没から日出まで航海灯を点け、他船から自船の状態が分かるようにする。国際条約に基づく海上衝突予防法で、万国共通の航海灯の表示方法が指定されている。舷灯は右舷に緑色、左舷に紅色（赤）で、全長20m以下の船は、この2灯を1つにまとめた両色灯を使ってもよい。船尾灯は白灯で、舷灯が見えなくなる船尾側の範囲をカバーするが、20m以下の帆走中の帆船は、マスト上端に設ける三色灯（両色灯と船尾灯とをまとめた灯火）としてもよい。機走（motoring）中または機帆走（motor-sailing）中の船は、マストの高い位置に汽灯（steaming light）もつける。汽灯は白色で、左右の舷灯が見える範囲をすべてカバーする。このほか、船の種類、大きさ、制約条件などによってさまざまな灯火が定められている。灯火の明るさや見える角度などにも、詳しい規則がある。
→げんとう、せんびとう

こうかいにっし【航海日誌】

各時刻の針路、速力、船位、帆装状態、天候などを記録しておくもの。当直の引き継ぎや、事故の際の証拠として法的な意味を持つ。プレジャーボートで書かれる情緒的な個人旅行記とはちょっと違う。ログ、ログブックともいう。

こうぎ【抗議】

ほとんどのスポーツ競技では、試合中に審判がアウト、セーフの判定を下す。しかしヨット競技においては、当該艇間で「抗議」しあう。そ

の場でルール違反を認めた者は、回転するなどの失格に変わる罰則にしたがって償う。不満があるなら、レース終了後の審問に持ち越される。
→アンパイア、ジュリー

こうきあつ【高気圧】
　周囲に比べて気圧の高い部分。風は気圧の高い方から低い方へ吹く。
→きだん、ぜんせん

ごうせいじゅし【合成樹脂】
　天然樹脂というと、植物から分泌されるものだが、こちらは合成した高分子化合物。可塑（かそ）性をもつ。ポリエステルやエポキシなどがあり、ヨットやボートのいたる部分に使われている。
→ポリエステル、エポキシじゅし

ごうせいせんい【合成繊維】
　木綿や絹などの天然繊維に対し、化学的に合成された繊維。ポリエステル、ナイロン、アラミドなど。化学繊維、化繊ともいう。

こうたつきょり【光達距離】
　灯台が視認できる距離のこと。灯台の高さ、見る側の眼高、視界や光源の強さなどで異なってくる。
→とうだい

こうてい【航程】
　船が航行した距離。

こうはん【甲板】
　船体の上を覆う平面部。「かんぱん」ともいう。甲板というと、なんだかゴツイ船のものを連想するので、プレジャーボートではもっぱらデッキという。
→フォアデッキ、サイドデッキ

こうりゅう【交流】
　常に陽極と陰極が一定の直流に対して、非常な速さ（50〜60回／秒）で変わるのが交流。alternating currentからACと略す。家庭で使われるのが交流。ヨットのバッテリーは直流だ。
→オルタネーター、インバーター、ちょくりゅう

こうろひょうしき【航路標識】
　航海を援助するための標識の総称。灯台、浮標など。国際機関であるIALAによって統括されている。
→イアラふきょうしき

コース【course】
　針路。オン・コースといえば、正しいコースに乗っている状態。レース・コースというと、競うべく設定された航路のこと。
→しんろ

コースたんしゅく【コース短縮】
　レース・コースを短縮すること。レース途中で風が弱くなり、続行不可能と思われるときなどに実行される。この時、レース運営船にはS旗が掲揚される。

→エスき

コーチルーフ [coachroof]

デッキから盛り上がっているキャビンの屋根部分を称する。ドッグハウスと呼ばれることが多いが、コーチルーフが正しいとされる。
→キャビントップ

コーテシー・フラッグ [courtesy flag]

外国の港に入った際は、敬意を表する意味から、当該国の国旗を右舷サイドステイに展開する。courtesy（儀礼的な）旗である。自国の国旗は船尾に掲げる。
→エンサイン

コード [chord]

セールの前縁と後縁を繋いだ仮想の線。
→アタック・アングル、ドラフト

コード [cord]

細いロープ。
→ロープ

コード・ゼロ [code zero]

ヘッドセールの種類はいろいろありすぎて、命名が難しくなってきた。ライト、ミディアム、その中間がミディアム・ライト。スピンに至っては、0.5ozオールパーパスだのVMGだの、ランナーあるいはリーチャー、30/20、さらには0.75ポリやAセール……。ベテランやセールメーカーでもワケが分からなくなってきたので、単純にコード1、コード2、と符号を付けて呼ぶケースも増えてきた。ジブもスピンも、一般的にこの数字が大きくなるほど強風用になる。そして、スピンとジブの中間にあたるようなセールが開発され、これがコード・ゼロと呼ばれるようになった。
→ジブ、ナンバースリー・ジブ

コードラント [quadrant]

ホイール・ステアリング仕様の舵で、舵軸に付いた四分円の金物のこと。ここに巻いたワイヤを介し、ステアリング・ホイールの回転運動を舵に伝える。目につかない所にあるが、非常に重要な部分。
→ホイール・ステアリング、かじ

コーヒー・グラインダー [coffee grinder]

→ウインチ

コーミング [coaming]

ハッチやコクピットの周囲の立ち上げ部。デッキに打ちあがった波が、ハッチやコクピット内に流れ込むのを防ぐ。コクピットに座っていると、これがないと多少の波でも尻が濡れる。最近の艇のコクピット・コーミングは割と幅広で、その上にウインチが付いていたりもする。
→コクピット

コール [call]

多人数で乗り込むレース艇では、乗組員同士でさまざまな情報が交換

される。これがコール。波のコール、風のコール、他艇との速度や高さの違いのコールなど、とにかく情報を伝え合おう。

コール・サイン【call sign】
　船、または無線従事者に割り当てられた無線呼び出し符号。たとえば鈴木さんが「こちら鈴木です」と名乗っていたのでは、どこの鈴木さんだか分からないので、固有の符号が割り当てられる。

コールド・モールド
【cold mold (米), cold mould (英)】
　常温接着で船体の形の合板を作ること。船体に相当するモールド（型）の上で木板を積層すると木製船体を作ることができるが、プライ（ply、層）数を3層以上にしないと、水密にすることはできない。型に入れて加熱成形するのではなく、常温接着なのでコールドという。

こがたせんぱく【小型船舶】
　総トン数20トン未満の船舶。

こがたせんぱくそうじゅうしめんきょしょう【小型船舶操縦士免許証】
　小型船舶の操縦には、「船舶職員及び小型船舶操縦者法」で定められた免許が必要である。船舶の大きさや航行区域によって1級、2級に分かれている。試験では小型船舶に関する関係法規や運用方法など、必要最低限の知識を求められる。ヨットの乗り方については試験されることも指導されることもなく、この免許を取ったからといって、ヨットに乗れるようになるわけではない。

コグ／ソグ【COG／SOG】
　対地進路（COG）と対地速力（SOG）。

こくさいせーりんぐれんめい
【国際セーリング連盟】
→アイサフ

こくさいブイ・エイチ・エフ【国際VHF】
　VHF帯を用いた近距離用の無線電話。日本以外の国々では、大型船のみならず小型のプレジャーボートでも必携の無線設備で、船間、船陸間で広く連絡用に用いられている。アマチュア無線などでもVHF帯を用いる無線機器はあるが、船の世界でVHFといえばこれ。日本でも認められてはいるが、規制が厳しく、プレジャーボートには普及していない。安全備品でもあるだけに、大変残念なことだ。

コクピット【cockpit】
　デッキから一段下がった窪みをいう。一般的な英和辞典では「ヨット、ボートの操縦席」とあるが、『ヨット、モーターボート用語辞典』では「コクピットを操縦席と同義語ととらえる向きがあるが、誤りである」とある。いずれにしても、ここで舵をとったりセールをトリムしたり、

時には食事もすれば愛も語らう。……そんな場所である。

コッター・ピン【cotter pin】
　割ピン。タコの足のように両方をグニャーと曲げて使う人がいるが、片方だけを30〜40°曲げて使うのが正しい。スピネーカーを引っかけて破かないように、シリコンやビニテでカバーしておこう。
→シリコン・シーラント、ビニテ

コッター・リング【cotter ring】
　クレビス・ピンを留めるためのリング。キーホルダーなどに使われているのと同じ。各種サイズあり。普通はリングピンと呼んでしまっているが、英語的にはちょっとおかしいかも。
→クレビス・ピン

コミティー【committee】
　委員会。レース・コミティーといえば、レースの運営を司る委員会。トップに立つのはPRO（Principal of Race Officer）。他にも、計測委員会、審問委員会、あるいはパーティーやホストを担当する委員会など、多くの人によってヨット・レースは成り立っている。

コミティー・エンド【committee end】
　レースのスタート・ラインにおける、本部船（コミティー・ボート）が位置するエンド。通常は右側に本部船が位置するので、風上エンドと同義。
→ほんぶせん、かざかみエンド、かみいち

コミティー・ボート【committee boat】
　本部船、運営船。
→ほんぶせん

ゴム・ボート【inflatable boat】
　空気で膨らませるタイプのボート。ゴムでできていなくてもこう呼ぶ。ゴム・ボートといっても、全長5ftくらいのものから40ftを超えるようなものまである。
→インフレータブル・ボート、エイチ・ビー・アイ

コモドア【commodore】
　ヨット・クラブのキャプテン、最高責任者。日本ではまず使わない。commodoreは本来、海軍の階級。他にもフリートとかスコードロンとか、どうもヨット遊びは海軍用語が好んで使われるようだ。日本ではヨット・クラブのトップは「会長」と呼ばれることが多い。
→フリート、スコードロン

コリオリのちから【Coriolis force】
　地球の自転にともなう力。コリオリの力によって、北半球では台風には半時計回りに風が吹き込み、貿易風は北風ではなく北東〜東の風になり、高気圧から低気圧に向かって流れる空気（風）も右に振れる。南半球ではその逆になる。

→たいふう、ぼうえきふう

コンパス【compass】
　羅針盤。方位を知る、最も重要な航海計器。ほとんどのヨット、モーターボートでは、磁力を用いた磁気コンパスを使う。一般船舶で用いられるジャイロコンパスで示される真方位に対して、磁気コンパスが示すのは磁方位なので注意されたし。
→ジャイロコンパス、しんほうい、じほうい、じさ、へんさ

コンパス・カード【compass card】
　360°の目盛りが入ったコンパス内の円盤。船が回っても、この円盤は回らないので方位が分かる。

コンパス・コース【compass course】
　コンパスが示す、船首方向の方位。

コンパスしゅうせい【コンパス修正】
　個々のコンパスが持つ誤差（自差）を修正すること。ISAF-SRにも義務規定がある。海外のレースでチェックを求められたが、修正の専門家がスーツケース大のジャイロコンパス持参で修正作業を行ってくれた。これがない場合は、陸地の目標を見つけて船を回転させながら行うことになるのだろうが、かなり大変そうだ。
→じさ、エス・アール

コンパス・ベアリング
【compass bearing】
　コンパスで測った陸上の物標などの方位角。
→コンパス、ベアリング

コンパス・ローズ【compass rose】
　海図上に記入された円形の角度目盛りのこと。真方位と磁方位、さらには偏差とその経年変化量も記されている。
→へんさ

コンパニオンウェイ【companionway】
　キャビンからコクピットに通じる出入口、通路。セーリング・クルーザーでは前後にスライドするハッチと、差し板からなることが多い。
→ウォッシュボード

コンベンショナル・ドロップ
【conventional drop】
　風下マーク回航のパターンのひとつ。その名のとおり「平凡なドロップ」。反時計回り（ポート・ラウンディング）なら、ポート・タックで風下マークにアプローチし、右舷側にスピネーカーを降ろしてそのままマークを回り、上っていくこと。
→かざしもマーク、アーリー・ポート・ドロップ、キウイ・ドロップ、フロート・オフ

コンポジット【composite】
　いくつかの素材を複合させて構成される構造、材質。FRPもガラス繊維と合成樹脂のコンポジットといえるし、レーシングセールも繊維とフィルムのコンポジットだ。さらに発

泡体を心材としてFRPで固めるなど、さまざまな複合テクノロジーが開発され、軽量化、高弾性化が計られている。あらゆる分野で活かされている先進技術。
→エフ・アール・ピー、サンドイッチこうぞう

さ

サークリング【circling】
　円を描いて船をぐるっと回すこと。スタート前の位置取りなどで行うマニューバー。規則違反に対するペナルティーで回転するのはペナルティー・ターン。
→マニューバー

サーフィング【surfing】
　波の前面の斜面を駆け下ること。波と同じ速度で走れば、波に追いこされずに斜面を駆け下り続けることができる。しかし、舵が利きにくくなり、ブローチングに至る危険も。また、サーフィングをきっかけとしてプレーニングを始めることもある。いずれにしても、ヨットにとってはエキサイティングな状況である。ボートにとっては恐怖かもしれない。
→ブローチング、プレーニング

サーベイヤー【surveyor】
　船体や艤装の健全さ、あるいは問題点などを点検、指摘する知識と経験を有する専門職。ヨットやボートの転売、損害保険の認定などに立ち合う。

サイクロン【cyclone】
　インド洋に発生する熱帯低気圧。日本でいう台風。広い意味で低気圧一般を指すともいうが、ニュージーランド、オーストラリア方面でも熱帯低気圧はサイクロンと呼ばれる。

さいこうすいめん【最高水面】
　年間を通して、これ以上高くなることがない水面。台風などの要素でさらに高潮になることはあっても、通常の潮汐によって起きる海面の上昇の最高点と思ってよい。海図上では、橋の高さや電線など、船舶がその下を通るような障害物に関しては安全をとって、その距離がもっとも短くなる最高水面を基準として高さを表している。
→さいていすいめん、へいきんすいめん

さいていすいめん【最低水面】
　年間を通して、海面がそれ以上低くなることがほとんどない水面。海図上の水深の基準面がこれ。したがって、これ以上浅くなることはまずない。
→さいこうすいめん

サイドステイ
　マストを横方向に支えるワイヤのこと。シュラウド（shroud）が正式名称で、サイドステイは和製英語。
→シュラウド、ステイ

サイドステイ・アジャスター
→シュラウド・アジャスター

サイドデッキ [sidedeck]
　構造物などで分けられた船側の甲板。ヨットの場合、デッキといってものっぺりしていて、どこからどこまでとは明確にしにくい。おおよそドッグハウス（＝コーチルーフ）の横あたりをいう。
→ドッグハウス

サイド・マーク
　ヨット・レースのトライアングル・コースにおいて、風上マークからリーチングで回り込むマーク。風上マーク、風下マークに対して横にあるからこう呼ばれるが、本来はウイング・マーク、リーチング・マークという。サイド・マークは和製英語のようだが、日本ではこちらが一般的になっている。
→ウイング・マーク、トライアングル・コース

サウウェスター [souwester]
　古風な洋式の荒天用帽子。額の上のひさしは短く視界を良くし、首の後ろは広い縁を設けて肩から襟にかけて雨が入りにくくした形状を持つ。フードより機能的な面もあり、最近また見直されつつある。

サギング [sagging]
　たるみ。ヨットでは主にフォアステイのたるみをいう。それ自身の重さや風圧でたるみが出るが、これによって、ジブの形状が変化する。
→フォアステイ

さくぐ [索具]
→リギン

さくらマーク [桜マーク]
　法定安全備品には、監督官庁（国交省）の認可のあるものしか認められないものが多い。その認可の印に桜のマークが付いているが、高価な割には高級感がない、ダサイなど、ユーザーには不評であり、これらの製品を揶揄したものいい。

さげしお [下げ潮]
　潮汐によって潮が引いていくこと。あるいはそれにともなう流れ。引き潮、下げ潮流ともいう。

さげん [左舷]
　船首に向かって左側。ポート（port）。
→ポート、うげん

さしいた [差し板]
→ウォッシュボード

ざしょう [座礁]
　船が海底に接触し、動けなくなった状態。オン・ザ・ロックとよくいわれるが、これは和製英語。正式には「ヒット・オン・ザ・グランド（hit on the ground）」だが、「オン・ザ・ロック」の方がしゃれてい

るような気がする。一般的には、動けなくなった状態以外にも、海底にぶつけただけでオン・ザ・ロックという。正式には「乗り上げ」、特に海上衝突予防法では「乗り揚げ」となっている。

ざっさく【雑索】

雑多な用途に使うロープ。余ったロープの切れ端なども使われる。ブームにセールを結びつけるガスケットも雑索として手頃な太さ、長さなので、転じてガスケットというと雑索を意味することもある。雑ロープから「ざつろー」ともいわれる。
→ガスケット

サテナビ【sat-nav, satellite navigation】
→えいせいこうほう

サニタリー・タンク【sanitary tank】

汚物を溜めておくタンク。これまでのマリン・トイレは汚物をそのまま海中に流す方式が多かったが、環境保全という観点から昨今では汚物は船内に溜め外洋に出てから流す、あるいはマリーナで汲み取ろうではないかという機運が高まっている。ホールディング・タンクともいう。
→マリン・トイレ、ホールディング・タンク

サムソン・ポスト
【samson post, sampson post】

船首付近に取り付ける頑丈なビット。アンカー・ラインや係留索などを留める。レース艇には無用の長物だが、クルージング艇にはあると便利。上に腰掛けて月を見ながら一杯やるのもいいではないか。

さんかくコース【三角コース】
→トライアングル・コース

さんかくなみ【三角波】

三角形に切り立った険しい波。強い潮や防波堤に跳ね返った波がぶつかるような状況でおきる。チョッピーな波ともいうが、これは比較的小さな三角波で、外洋では大きな三角波も立ち、極めてたちが悪い。
→チョッピー

さんてん【3点】

スピネーカーのピーク、タック、クリューの3点のこと。「バウ・ハッチから3点出しとけよ」など、レース艇でよく使われる言葉。
→スピネーカー

サンドイッチこうぞう【サンドイッチ構造】

心材（コア）に発泡体や木材を用い、FRPなどのスキンで挟み込んだ構造。圧力をかけて樹脂を浸透させたり、熱を加えて固めたりと、テクノロジーはさまざま。バルサ・サンドイッチといえば心材にバルサ材を使ったサンドイッチ構造をいう。
→しんざい、コンポジット、スキン

し

シアー【sheer】

デッキと船体の接する部分（ガンネル）を、横から見て連なる線がシアー。シアーラインともいう。

シー・アール [CR]

クルーザー・レーティング、クルーザーレーサー、クルージング・クラスなど、さまざまな略号として使われる。
→クルーザー・レーティング

ジー・アール・ピー [GRP]

Glassfibre Reinforced Plastics。ガラス繊維を用いた強化プラスチック（FRP）を英国圏ではこういう。
→エフ・アール・ピー、グラスファイバー、ファイバーグラス

シー・アンカー [sea anchor]

長いロープの先に付けて水中に流し、海水を抱え込んで錨の代わりをさせるパラシュートのような船用品。荒天対処の手段として用いられることが多いが、それぞれの船の性質によって使い方、効果が異なる。

シー・イーとシー・エル・アール
[CE & CLR]

CEはcenter of effortの略で、セールを一杯に引き込んだ際の帆面積の中心をいう。CLRはcenter of lateral resistanceの略で、水中横面積（underwater lateral area）の中心。実際にはセールにかかる風圧の中心がCEではないし、横流れしながら進む船体に作用する横抵抗（lateral resistance）の中心がCLRでもないが、経験的には、幾何学的なCEとCLRの相対位置からヨットのヘルム・バランスが評価される。

ジー・エム・ティー [GMT]

→グリニッジひょうじゅんじ

ジー・エム・ディー・エス・エス
[GMDSS：Global Maritime Distress and Safety System]

船舶用無線通信の省人化、自動化の一環として開発された救難通信システム。人工衛星やコンピューターを駆使し、全地球規模の救難ネットワークの構築をめざしている。ヨットなど小型艇にも利用されている衛星中継のEPIRB（イーパーブ）は、GMDSSを担う救難備品のひとつ。

シー・オー・ジー [COG]

対地進路（course over ground）。コンパスが示すコンパス・コースにかかわらず、潮や風で流されて実際に船が動いている方向。対地速度（SOG）と合わせて、コグ・ソグと称することが多い。
→エス・オー・ジー

シー・キュー・アール・アンカー
[CQR anchor]

アンカーの種類のひとつで商品名。鋤（すき）の形をした可動式のヘッドが海底に食いつく。かさばるが、船首への納まりが良いこともあり、大型のクルージングボートでは

よく使われる。形状からプラウ・アンカーとも呼ばれるが、同形状の他社製品もCQRタイプとして売られていたりするくらいの人気商品。
→アンカー

シーコック [seacock]
　船内の配管が船底に通じる部分に、逆流防止のために備える水止め弁。ボール・バルブとスルース・バルブの2種類ある。ISAF-SRではトラブル時に備えて、木栓を用意しておくことが規定されている。
→ボール・バルブ、スルース・バルブ、スルーハル、エス・アール

シージェット [Seajet]
　自己研磨型船底塗料の商品名。
→じこけんまがたせんていとりょう

シート [sheet]
　コントロール・ロープの一種で、セールの出し入れを調整するもの。ロープ類一般を指す言葉にも使われがちだが、あくまで用途の限られたものになる。
→ロープ

シート・ストッパー [sheet stopper]
→ジャマー

シート・バッグ [sheet bag]
　シート、ハリヤード、コントロール・ロープの余っている部分を押し込んでおくバッグ。コクピット壁面やコンパニオンウェイに付いている。飲み物や日焼け止め、脱いだ帽子など、なんでもかんでも押し込める魔法の袋。

シート・ベンド [sheet bend]
　結びの方法のひとつ。2本のロープをつなぐ時に用いる。

シーナイフ [seaman's knife]
　船乗り用の小刀。ロープが噛み込んでしまった時など、緊急時にはナイフで切断する。そんな時のためには大型の（刃渡り20センチ程）の鋭いナイフが必要になる。もちろんターザンじゃあるまいし、そんなものを常に身につけているわけにもいかないので、ティラーの裏やコンパニオンウェイ付近など、すぐに手の届く所に取り付けておくことが多い。
→コンパニオンウェイ、ティラー

ジー・ピー・エイチ [GPH]
→ゼネラル・パーパス・ハンディキャップ

ジー・ピー・エス [GPS]
　全地球測位システム（Global positioning system）。衛星航法のひとつ。受信側のシステムが単純なため、端末は小型軽量、安価となるうえ、精度面でもあらゆる電波航法を凌ぐため、他の追従をゆるさない。ただし、システムそのものは米国防省が運用しているものなので、その電波を無料借用しているだけにすぎない点に注意。要するに、いつ何時、

システムをストップされても文句をいえる筋合いのものではない。

ジー・ピー・エス・レシーバー【GPS receiver】

GPSは、人工衛星を含むシステムのことであるから、その端末はGPSレシーバーというのが正しい。基本は船位の緯度／経度を求める機能になるが、実際には、そこから設定した目的地までの方位と距離、到達予想時間などを計算する機能がついており、さらには海岸線を含むチャート情報が表示されるディスプレイに自艇の航跡を記録できる機種もある。そうなると、GPSレシーバー部分はおまけで、航法コンピューターといってもいい。

シーブ【sheave】

滑車（ブロック）の中の滑車（回転体部分）のこと。
→ブロック

シーブリーズ【sea breeze】
→かいふう

シーマップ【C-MAP】

チャート・プロッター用のマップデータのひとつ。商品名。
→プロッター

シーマンシップ【seamanship】

船乗りに必要とされる技術の総称。日本では、時に精神や根性などの「潮っけ」も含めて使われることもある。
→しおっけ

シーム【seam】

セールの縫い目。最近では接着する場合もあるが、それでもシームという。

シーワージネス【seaworthiness】

堪航性（たんこうせい）。船そのものが持つ、荒天に耐える能力。あるいは、乗組員の能力も含まれることもある。

ジェイ【J】

フォアステイの基部（ジブ・タック位置）からマスト前面までの水平距離。
→アイ・ジェー・ピー・イー、巻末図

ジェイ・オー・ジー【JOG、Junior Offshore Group】

1950年、RORC内部に設立された英国の組織。水線長16フィートから20フィートまでの小型ヨットで外洋レースを楽しむ目的で生まれた。
→アール・オー・アール・シー

シェイクダウン【shakedown】

慣らし運転。新造艇のシーワージネスを高めるため、壊れそうな所は最初に壊してしまえば、いざという時に困らないという発想。元来は、シェイクダウン・クルーズとして、英国海軍が乗員の適応訓練もかねて

行っていたものだという。
→シーワージネス

ジェイサフ 【JSAF】
　日本セーリング連盟（Japan Sailing Federation）。
→にほんセーリングれんめい

ジェイ・シー・アイ 【JCI】
　日本小型船舶検査機構（Japan Craft Inspection Organization）。
→にほんこがたせんぱくけんさきこう

シェイプ 【shape】
　1：形、形状。セール・シェイプといえばセール形状のこと。
　2：旗に代えて、各色の筒を使った信号。旗は風がなかったり、風上・風下からはよく見えないが、シェイプなら360度どこからでも視認できるという利点がある。

ジェット・ストリーム 【jet stream】
　中緯度の上空約10,000m、対流圏と成層圏との境界付近を南北に蛇行しながら20〜40m/秒の風速で吹き通している狭い帯状の流れ。日本列島上空にも流れている。温帯低気圧の発生に重要な役割を果たし、日本近海の気象に基本的な関わりを持つ。

ジェネカー 【gennaker】
　通常のスピネーカーは左右対称であることが特徴だが、こちらは左右非対称な、しかしスピネーカーのような形状を持つ。非対称スピン、非対称（asymmetric）からAセール（エー・セール）とも呼ばれる。

ジェネラル・パーパス・ハンディキャップ 【General Purpose Handicap】
→ゼネラル・パーパス・ハンディキャップ

ジェネラル・リコール 【general recall】
→ゼネラル・リコール

ジェネレーター 【generator】
　発電機。オルタネーターはエンジンに取り付けられた交流発電機を指すが、ジェネレーターは、発電専用のエンジンをいう。もちろんこのエンジンにオルタネーターが付いている。エアコンなどを駆動するために、大型のヨットやモーターボートに装備される。
→オルタネーター

ジェノア 【genoa】
　メインセールにオーバーラップするジブ（三角帆）。風速に合わせてライト・ジェノア、ミディアム・ジェノア、ヘビー・ジェノアなどがある。オーバーラップしないものも含めてジブと呼ぶ場合もあれば、J/24クラスのようにオーバーラップしないセールを「ジブ」、オーバーラップするものを「ジェノア」と呼び分ける場合もある。
→オーバーラップ・ジブ、ナンバー

スリー・ジブ

ジェノア・トラック[genoa track]
　ジブシート・リーダーが稼動するレール。オーバーラップのないジブ用と区別するためかどうかは不明だが、ジェノア・トラックと呼んだりジブ・トラックと呼んだりする。
→ジブシート・リーダー、トラック、トラベラー

シェル[shell]
　外板。外板展開図（shell expansion plan）のこともいう。また、競走用の軽い漕艇もシェルという。

しお[潮]
　潮汐。船の上では、潮汐によって起きる流れ（潮流）や、潮汐とは関係ない流れ（海流）も潮という。
→ちょうせき、ちょうりゅう、かいりゅう

しおっけ[潮っけ]
　船乗りらしいさま。荒波によって鍛え上げられた、逞しい精神と適応技術。広辞苑には「海上や海辺の、塩分を含んだしめり気」とあるが、それは違う。

しおなみ[潮波]
　通常の波は風によって起きるものだが、海流や潮流によって起きる険しい波を潮波という。風によって起き波と複合して潮波が発生、あるいは大きくなることもある。
→かいりゅう、ちょうりゅう、さんかくなみ

しかくしんごう[視覚信号]
　目で見て判断する各種の信号。聴覚信号の号砲やホーンに対して、旗やシェイプなどを指す。
→シェイプ

じきコンパス[磁気コンパス]
→コンパス

じきへんさ[磁気偏差]
→へんさ、コンパス・ローズ

しけ[時化]
　強風により、波風が強い海上の天候。荒天（こうてん）。広辞苑によれば「暴風雨のつづくこと」とあるが、雨をともなわなくとも、強風で波が高ければ時化である。

しこうせいアンテナ[指向性アンテナ]
　方向によって、電波を受信する感度や送信する電波の強さに差が出るアンテナ。その性質を利用して、電波の到来方向を知ることができる。
→ディー・エフ

じこけんまがたせんていとりょう
[自己研磨型船底塗料]
　船が動くことによる水との摩擦で塗料が溶け、船底に付いた海中生物や汚れを落とすタイプの船底塗料。
→せんていとりょう

じこてんかとう【自己点火灯】
落水者の近くに投げ込み、その位置を知らせる。通常は逆さまにして、救命浮環とともに船尾付近にセットしておき、水上に投下すると反転してスイッチが入り、点灯する。
→きゅうめいふかん

じさ【自差】
コンパスの取り付け位置によって、付近のエンジンなど鉄分に磁石が引きつけられ、あるいは反発しあい誤差がでる。その船の、そのコンパスが持つ固有の誤差が自差（deviation）。船首の向きによっても変化するのでやっかいだ。
→コンパスしゅうせい、へんさ

シスター・シップ【sister ship】
同じ型（モールド）、あるいは同じ設計で作られた同型艇。デッキ・レイアウトやセール・プランなどが多少異なっても、同じ船型ならシスター・シップとよばれる。
→モールド、デッキ・レイアウト

したてまわし【下手回し】
→ジャイビング

じっしようこう【実施要項】
ヨット・レース開催にともない、期日や内容、参加資格など、参加の際に必要な事項が記された書面。レース公示、notice of race。

しっそく【失速】
アタック・アングルが大きいほど、翼（よく）の揚力は増すが、ある限度以上になると翼の上面の流れが剥がれて渦を巻き、揚力が激減する。これを失速という。ヨットのセールでは風下側の流れが剥がれることになる。
→アタック・アングル

シット・エア【shit air】
他艇や障害物によって乱された風のこと。
→クリア・エア

シップシェイプ【shipshape】
船が、きちんと片づいた様子をいう。いわゆる、片づけ上手の奥様的なものではなく、潮っけの利いた、男らしい整理整頓ぶりをいう。
→しおっけ

じどうそうだそうち【自動操舵装置】
→オートパイロット

じどうはいすい【自動排水】
→セルフベイリング

シバー【shiver】
セールから風が抜けて裏風が入る、あるいはバタバタたなびくこと。セールを風に、たなびかせること。

ジブ【jib】
マストより前に展開するヘッドセールの中で、三角帆をジブと呼ぶ。「ジブ・セール」とはいわない。三

角というのは、ミッド・ガース（中央部の幅）が底部の1/2以下であるという意味で、これより大きなものはスピネーカーなどになる。ジブのうち、メインセールにオーバーラップするものを特にジェノアと呼んでいる。
→ジェノア、ナンバースリー・ジブ、スピネーカー、ガース

ジブシート【jibsheet】
　ジブの調整のために、クリューから取られるロープ。アタック・アングル、ツイスト、ドラフトなど多くの要素がジブシートの出し入れで変わってくる。
→ジブ、クリュー、アタック・アングル、ツイスト、ドラフト

ジブシート・リーダー【jibsheet leader】
　ジブシートのリーディング位置を変えるためのリードブロック。フェアリーダー、スライダーともいう。ジブ（ジェノア）・トラックの上に可動式のブロックが付いているものは「ジブ・カー」、あるいは単に「カー」とも呼ばれる。大型艇のジブはサイズがいろいろあるので、それに対応するため可動範囲は広い。
→ジェノア・トラック、カー

ジブ・チェンジ【jib change】
　ジブの交換。セール・チェンジというとスピネーカーの交換も含まれるのだろうが、異なる種類のジブ同士を張り替える作業。
→セール・チェンジ

シフティー【shifty】
　風向の振れをシフト（shift）といい、風向が変化しやすい状況をシフティーという。風速の強弱が激しいのは、ガスティー（gusty）。
→ガスト

シフト【shift】
　1：風向が変化すること。
　2：港内や湾内で泊地を移動すること。

ジブ・トップ【jib topsail】
　クリュー位置が高く、フットとライフラインが干渉しにくく、船がヒールしても海面につかないようになっているリーチング用のジブ。ハイカット・ジブ、リーチャー。
→ジブ、リーチャー、ヒール

ジブ・トラック【jib track】
→ジェノア・トラック

ジブ・ハンク【jib hank】
→ハンク（ス）

ジブ・ファーラー【jib furler】
　ファール（furl）は「巻く」という意味。ジブをフォアステイに巻き込む装置がジブ・ファーラー。これに用いるセールは、ファーリング・ジブ。
→ジブ、ファーリング・ギア

ジフィ・リーフ [jiffy reefing]
メインセールのリーフ方式。現在、もっとも一般的なリーフィング・システム。
→リーフ

じほうい [磁方位]
磁気コンパスで測った方位。

じほく [磁北]
自差のない磁気コンパスが示す北を「磁北」という。地理的な北（真北）とずれているので、あえてこういう。
→しんほうい、へんさ、じさ

しままわり [島回り]
島を回って帰ってくるようなレース・コース。A地点をスタートし、A地点でフィニッシュする。一方、A地点をスタートしてB地点でフィニッシュするようなレースは、たとえ途中で島を回るようなことがあっても島回りレースとはいわず、パッセージ・レース（passage racing）として区別している。対して、湾内にマークを打ってそれを回るインショア・レースはブイ・レーシング、コース・レースと呼ぶ。
→外洋レース、インショア

しもいち [下一]
ヨット・レースのスタートで、風下エンドから一番目にスタートをすること、そのポジション。スタート前にここを狙うことを、「下一狙い」という。
→かざしもえんど、

しもせんこう [下先行]
レース中、相手艇の風下・前方に位置すること。

しもとっぱ [下突破]
相手艇の風下から抜き去ること。風下突破。同じ性能のヨットなら、相手艇に風を遮られるので風下から抜くことは難しい。しかし、明らかに性能や技術が勝る場合には風下突破が可能になる。圧倒的な違いを見せつける一瞬。

しもマーク [下マーク]
→かざしも

しもゆうり [下有利]
ヨット・レースのスタートで、左エンド（風下エンド）からスタートした方が有利な状況。スタート・ラインに対し、風向が左に傾いている場合に、そうなる。

ジャイビング [jibing(米)、gybing(英)]
風下方向に走りながら、セールの開き（タック）を変える動作。メインセールが大きく左右に移動する。意図せずにセールが返ってしまうことをワイルド・ジャイブという。
→ダウンウインド、ワイルド・ジャイブ

ジャイビング・マーク [jibing mark]

→サイド・マーク

ジャイブ　[jibe (米), gybe (英)]
→ジャイビング

ジャイブ・セット　[jibe set]
　風上マーク回航時におけるスピネーカー準備方法のひとつ。風上マークを回り、ジャイビングしながらスピネーカーを揚げる技。
→タック・セット、ベア・アウェイ・セット

ジャイブ・ピール　[jibe peel]
　スピネーカー交換（ピール）の方法のひとつ。新たなスピネーカーを展開した後、ジャイビングしながら古いスピネーカーを降ろす高度な技。古いスピネーカーの取り込みが楽になる。
→スピネーカー・ピール

ジャイブ・プリベンター　[jibe preventer]
　ワイルド・ジャイブなどによって、ブームが反対舷に返らないように船首方向に引いておく艤装。
→ワイルド・ジャイブ、ブーム

ジャイロコンパス　[gyrocompass]
　駒の原理を利用し、地磁気と無関係に常に真北を示すコンパス。電源が必要になるので、プレジャーボート、特にヨットではほとんど使用されていない。
→コンパス

ジャックライン　[jackline]
　ジャックステイ（jackstay）といえば、二点間にほぼ水平に張ったロープやワイヤだが、ジャックラインはセーフティー・ハーネスのテザー（tether:命綱）を引っ掛けるため、デッキに張るロープ。ワイヤ・ロープを使う場合もあるが、足で踏んで転ばないよう、平らな帯ひもを用いることが多い。
→セーフティー・ハーネス

シャックル　[shackle]
　お馴染みの接合用部品。ごく普通のU字型のものをDシャックル、U型部が板状のものを板シャックル、U字部に丸みがあるのをおたふくシャックル（bow shackle）、あるいは長いものをロング・シャックル、ねじれているものをツイスト・シャックルという。ピンの部分がネジではなく、捻るだけのものをキーピン（keypin）、ピンが抜け落ちないようになっているのはキャプティブ（captive）という。ハリヤード用に、バーの入っているものもある。
→スナップ・シャックル

シャックル・キー　[shackle key]
　板に細長い穴が開いていて、ここにシャックル・ピンの頭を挟んで回す道具。ディンギー・セーラーにはお馴染みだが、クルーザー・セーラーの間ではマルチツールが出現してからシャックル・キーは使われなくなりつつある。

→シャックル

シャフト・ブラケット【shaft bracket】
　船底から出て、船尾にのびるプロペラ・シャフトを支持するためのブラケット。
→ブラケット

ジャマー【jammer】
　クリートの一種。ジャム（jam）は、挟むという意味。レバーを倒すとロープにツメが噛み込みロックされる。レバーを倒したままでも引くことができるのが特徴で、強い力がかかっていてもレバーを開ければロープは勢いよく出ていく。シート・ストッパー、ロープ・ストッパーともいう。
→クリート

ジャム・クリート
【jam cleat, jamming cleat】
　クリートの一種。クリートの溝にロープを食い込ませて留めるもの。簡単に留められるので、昔はジブシートのクリートはこれが多用された。今はカム・クリートの方が多く使われている。
→クリート

ジャンパーステイ【jumper-stay】
　フラクショナル・リグ艇で、フォアステイから上のマストを固めるためのステイ。ジャンパー・ストラットを使って横、あるいは前後の補強をする。形状からダイアモンドステイともいわれる。
→フラクショナル・リグ、ジャンパー・ストラット

ジャンパー・ストラット【jumper strut】
　ジャンパーステイと組み合わせてマスト上部を補強するスプレッダーの一種。
→ジャンパーステイ

ジャンボ・メーター【jumbo meter】
　マスト後面、ブーム下に取り付ける大型表示装置。1～6連になっており、艇速、針路、風向、風速などのデータを表示させる。ヘルムスマンからもトリマーからもよく見える。

じゅうしん【重心】
　船の重量の中心。center of gravityからCGと略す。

しゅうせいじかん
【修正時間、corrected time】
　ヨット・レースにおいて、ハンディキャップなどによって修正された時間。

じゅうつうざい【縦通材】
　前後方向の構造部材の総称。ロンジ、ストリンガー。

シュラウド【shroud】
　スタンディング・リギンのうち、マストを横から支えるもの。日本では和製英語のサイドステイといわれることが多い。

シュラウド・アジャスター【shroud adjuster】

セーリング・ディンギーなどに用いられる、シュラウドの長さを調節するための装置。シュラウドのデッキ側のエンドにあり、たくさん穴の開いたプレートに、ピンを差し込んで留める。ターンバックルと同じ役目をするもの。

ジュリー【jury】

審査員、審判員。ヨット・レースでは、抗議に基づくレース後の審問においては裁判官（judge）の役割を果たす。レース中、ジュリーが乗り込んでいるのがジュリー・ボート（jury boat）。ここで直接、ジュリーが現認するケースもある。
→アンパイア

ジュリーラダー【jury-rudder】

応急的に用いる舵。ホイール・ステアリング・システムが壊れた際に用いる「予備ティラー」とは異なり、こちらはラダー・ブレードやラダー・シャフトが壊れた時のためのもの。非常用にしっかりした予備ラダーを搭載している艇はまれで、床板を流用して大きなオール状にして船尾から出したり、抵抗物を引いたりと、さまざまな方法が採用される。

ジュリーリグ【jury-rig】

マストが折れたりした場合、応急的にマストの残りの部分や他のスパー（棒材）を用いてセールを展開する仕組み。
→リグ、スパー

じゅんこうそくりょく【巡航速力】

もっとも効率よく行動半径を大きくできる速力。エンジンを用いて走る場合、最大速力にすると移動時間は短くなるが、燃費が悪くなる。速力を落とせば燃費は良くなるが、時間がかかる。そのハッピーポイント。クルージング・スピードともいう。

じゅんぷう【順風】

風の強さは、微風、軽風、中風、強風と表現するが、ヨット乗りの間では適度な風を「順風」と称することがある。広辞苑では「順風：船の進む方向へ吹く風。追風。おいて」とあり、あくまで逆風の反対。ランニング。中風域でもクローズホールドは含まず、風速の強弱とは関係なく追い風をいう。また『ヨット、モーターボート用語辞典』では、「クローズホールドの風、弱い風、強すぎる風は、通常含めない」とあるので追い風でも強風、微風は含まないようだ。ということで、風の強さを表す場合は、順風という言葉は使わない方がよさそうだ。
→ランニング

ショア・クルー【shore crew】

大きなレース・チームにあって、レースに乗り込むセーリング・クルーに対して、ヨットの整備やマネジメントを専門に行うスタッフ。アメ

リカズ・カップ・チームやボルボ世界一周レース・チームなどでは、ショア・クルーの数がセーリング・クルーを上回る。
→おかきん

じょうか【上架】
ヨットやボートを陸上に揚げること。普段から上架して保管している艇を陸上保管艇とか上架艇という。降ろすのは下架（げか）。

ジョー【jaw】
直訳すると顎（あご）。古くはガフ（gaff）やブーム（boom）の前端がマストをくわえ込む部分をいうようだが、現在はスピネーカー・ポール先端の金具をこう呼ぶ。「ジョーにかます」といえば、アフターガイをここにかけること。スピンポール・ホイスト前には「ジョーかましたか？」、「まだ」などという会話が船首付近のクルーの間で取り交わされている。スピネーカー・ポールの先端は、「パロット・ビーク（parrot beak、オウムのくちばし）」という呼称もあるが、今ではあまり使われない。海外の通販カタログでは、「outboard end」と記載されていた。

ショート・タッキング【short tacking】
頻繁にタッキングを繰り返すこと。タッキングを縮めてタックといい、これもショート・タックということが多い。
→ロングタック、タッキング

しょきふくげんりょく【初期復原力】
船が横に傾いた時、直立に戻ろうとする力。初期復原力が大きいからといって、復原力消失角が大きく転覆しにくいとは限らない。むしろ逆になる場合が多い。
→ふくげんりょくしょうしつかく

ジョッキー・ポール【jockey pole】
スピネーカー・ポールが前に出る（風が横に回る）と、アフターガイのリード角度が狭くなり、ポール前後の調整が難しくなる。それを補う目的で、横に張り出す短い棒材をジョッキー・ポールという。リーチング・ストラット（reaching strut）ともいう。

ショック・コード【shock cord】
ゴムひも。細いゴムを束ねた芯を、摩擦や紫外線の耐久性を持たせるように伸縮性のある繊維でカバーしたもの。用途は広い。各種サイズがあるので、用途によって選ぶ。

シリーズ・レース【series racing】
複数のレースを行い、その総合得点で勝敗を決めるレース。シーズンを通して行うものもあれば、数日間続けて行うものもある。またオフショア・レースとインショア・レースを複合したものもある。
→オフショア、インショア

シリコン・シーラント【silicone sealant】
シリコン・ゴムを用いた、防水用

の充填剤（シーラント）のこと。ベトベトしているが、硬化するとゴム状になる。コーキング剤ともいう。ヨットやボートには多用されるので、シリコン以外の充填剤もシリコンと呼ばれたりする。似たような容器に入っていても、「シーカフレックス」（商標）などのポリウレタン系の充填／接着剤は非常に接着力が強く、いったん固まると剥がせなくなるので、用途によっては途方に暮れることがある。適材適所で選ばなくてはならない。

シンカー 【sinker】
　アンカーは再び引き上げることを念頭に投下するが、シンカーはめったに引き上げることはない頑丈な重り。ブイ係留などではシンカーからチェーンを取り、そこに係留ロープを繋いだりする。
→アンカー

ジンク 【zinc】
　亜鉛。
→あえん、でんしょく

シングル・アップ 【single up】
　桟橋などを離れる直前に、最後まで必要な最低限の係留索を残して他を取り込むこと。その状態、またはその作業。

シングル・ナンバー・レーティング 【single number rating】
　ひとつの数字のみでハンディキャップを表すヨット・レースのハンディキャップ・システム。ヨットには強風に強いとか、軽風の上りが強いとか、それぞれ個性がある。それらを考慮せずに（できずに）表した簡易なハンディキャップ。
→ハンディキャップ

シングル・ハンド 【single-hand】
　1人乗り。単独。2人乗りは、ダブル・ハンドという。

しんごうこうえん 【信号紅炎、red flare】
　遭難信号のひとつ。手持ちタイプと、ロケット式に打ち上げ、赤い炎をあげながらパラシュートでゆっくりと降下する（パラシュート・フレア）タイプがある。

しんざい 【心材、core】
　船体などでは、サンドイッチ構造の中間層。ディビニセル（商標）などの硬質発泡プラスチックや、バルサなどの軽量木材、あるいはアラミド素材のハニカム構造体など、さまざまなものが用いられる。ロープ類においては、アラミド繊維などの高強度の心材に、紫外線や摩擦に強い外皮を被せてハイブリッドな商品にしている。
→サンドイッチこうぞう、アラミドせんい

シンジケート 【syndicate】
　本来は組織や機関をいうが、ヨットの世界ではアメリカズ・カップの

挑戦チームや防衛チームの組織を指すことが多い。最初の優勝艇〈アメリカ〉(号)が、共同オーナー制であったためにアメリカ(号)・シンジケート(共同体)と呼ばれたことに由来している。暴力団は「組」、欧米のギャング団は「シンジケート」ということから、なんとなく悪いことをしていそうなイメージがあるが、ヨット界ではそんなことはない。
→アメリカズ・カップ

しんのかぜ【真の風】
実際に吹いている風。トゥルー・ウインド。走っているヨットやボートの上では、自艇が前に進むことによって生じる風を合成した風を感じる。これを見かけの風(アパレント・ウインド)といい、それに対して実際の風を真の風と呼んでいる。
→みかけのかぜ

ジンバル【gimbal(s)】
船が傾いても水平に保つような仕掛け。コンパスやギャレー・ストーブに使われる。

しんふうい【真風位】
北を0度として表した風向。風位。true wind direction：TWD。
→ふうこう

シンブル【thimble】
ロープやワイヤのエンドにアイ(輪)を作る際に、アイの内側に入れる金属あるいはプラスチックの擦れ止め。コースともいう。
→アイ

シンプレックス【simplex communication】
無線電話における一方向通話。ひとつの周波数で送信と受信を行うので、聞き終わるまで話せない。話している時は聞けない。電話のように、聞きながら話しもできる双方向通話(デュープレックス)に対してこういう。
→デュープレックス

しんほうい【真方位】
経線(meridian)を南北の基線として測る方位。真方位で指す北が真北(しんほく)。磁方位とは偏差(variation)分だけずれる。
→コンパス、へんさ

しんろ【進路】
「針路」が船の船首方向であるのに対し、「進路」は船が動く道筋。針路はまっすぐ向いていても、進路は横に流される場合もある。台風の中心の軌跡も「進路」を使う。

しんろ【針路】
船の船首方位。ヘディング。横流れしながら進むこともあるので、必ずしも船首方位の方向に向かっているとは限らない。

す

すいせんちょう【水線長】
船が水に浸かっている部分の長

さ。length on the waterlineから、LWLと略す。水線長さともいう。
→ぜんちょう

すいそうきょり【吹送距離】
風が海面を吹き渡る距離。これが長いほど波は大きくなる。

すいそうしけん【水槽試験】
→タンク・テスト

すいそくこうほう【推測航法】
船の針路と航走距離から船位を求める航法。針路はコンパスから、航走距離はログ（距離積算計）から求める。
→コンパス、ログ、デッド・レコニング

すいみつ【水密】
水圧が掛かっても水が漏れない構造のこと。

すいみつかくへき【水密隔壁】
片側が満水しても水密が保たれるだけの強度を持った隔壁。

スイミング・プラットフォーム
[swimming platform]
ボートやヨットのトランサムで、水面近い高さに張り出して水面からの出入りを容易にした部分。海水浴、食器洗いなどに便利。

スイミング・ラダー【swimming ladder】
ボートやヨットのトランサムから水中に伸ばし、昇り降りに使う梯子。

スイング・キール【swing keel】
船首尾方向にスイングするキール。左右方向に振るものはカンティング・キールという。
→カンティング・キール

スウェージレス・ターミナル
[swageless terminal]
米国のエレクトロライン（Electroline）と英国のスタロック（Sta-Lok）の2商品名でよく知られているワイヤ・ロープ・ターミナル。ワイヤの心と、周りの素線との間にテーパーの付いた円筒形の楔（くさび）を差し込み、ターミナル本体内面のテーパーとネジで締め付ける。スウェージングのような劣化の恐れがなく、また分解して楔だけを取り替えれば、保守点検、改造も可能。
→スウェージング

スウェージング【swaging】
ワイヤ・ロープの端にかぶせた金属製のターミナルを、特殊な工具でかしめて圧着すること。ターミナル先端にはさまざまな形状があり、接続に供される。
→ターミナル

スウェプトバック・スプレッダー
[swept-back spreader]
後退角を持ったスプレッダー。ランニング・バックステイのないリグ

で用いられ、横方向みならず後方への強度も増す。スウェプトバックしていないスプレッダーを、インライン・スプレッダーという。
→スプレッダー、リグ、ランニング・バックステイ、インライン・スプレッダー

スカッパー【scupper】
デッキに打ち込んだ水を排出するため、ブルワークに設けた排水口。
→ブルワーク

スカリング【sculling】
櫓で漕ぐこと。

スキッパー【skipper】
艇長。チーム・キャプテンのことを指すこともある。ヨットではかなり大型の艇でも、船長（キャプテン）ではなくスキッパーと呼ぶ。ディンギーにおいては舵取り役（ヘルムスマン）をいうことが多い。

スキン【skin】
サンドイッチ構造における心材（コア）に対して、外皮をスキンという。
→サンドイッチこうぞう、しんざい

スクイーズ【squeeze】
クローズホールドを超えて風上に切り上がっていく動作。最近のルールでは「タッキング」という言葉は出てこないが、本来タッキングとは風位を超えてからクローズホールドのコースにベア・アウェイするまでをいう。つまり、スクイーズの動作をしても、タッキングには至らないで再びベア・アウェイして元のコースに戻ることもあるからだ。
→タッキング、ベア・アウェイ

スクラッチ・レース【scratch race】
ハンディキャップによる修正を行わず、着順がそのまま順位になるレース。ワンデザイン艇やボックス・ルール・クラスなどで行われる。

スクレーパー【scraper】
scrape（こすってなめらかにする）のためのヘラ。金属製、プラスチック製などで形状もいろいろある。

スケグ【skeg】
舵の前縁につく翼状のフィン。方向安定性と、舵軸を支える役目も負っている。スケグのない舵もある。

スコードロン【squadron】
ヨット愛好家の集団。ヨット・クラブ。海軍では小艦隊の意味。〜スコードロンと名の付くヨット・クラブはいくつか存在する。
→ヨット・クラブ

スコープ【scope】
アンカー・ラインの長さを、水深で割った数値。水深の4〜5倍、時には7倍以上が必要になる場合もある。細かいことをいえば、水深にアンカー・ラインの出る船首までの高さを

加える。

スター・カット【star cut】
　スピネーカーのパネル（スピネーカー・クロス）配置のひとつ。ピークと、左右のクリュー3点から放射状にパネルが配置される。比較的フラットなスピネーカーになる。

スターボード【starboard】
　右舷、右舷側。「スターボ」、「スタボー」などと縮めて使われることが多い。右舷から風を受けて帆走している状態が「スターボード・タック（starboard tack）」。操舵号令における「スターボード」は、右転（舵角15°）すること。粋を重んじる人は面舵（おもかじ）という。また、レースにおける「スターボード！」という掛け声は、「こちらはスターボード・タックなので、このまま走る。あなたが避けなさい」という意味。ただし威嚇のように叫んでいるのは、非常に格好が悪い。
→ポート

スターボード・ストレッチ
【starboard stretch】
　マッチ・レースのスターティング・マニューバーで、スターボート・タックのまましばらく走ること。回転する（circle）に対して、こういう。ポート・タックで伸ばせば、ポート・ストレッチ。
→マニューバー

スターボード・タック【starboard tack】
　右舷から風を受けて走っている状態。
→タック

スターボード・ドロップ
【starboard drop】
　スピネーカーをスターボード（右舷）側に取り込むこと。

スターボード・ロング【starboard long】
　目的地（マーク）まで、スターボード・タックで走る距離の方が長いこと。
→ロング・タッキング

スターン【stern】
　船尾、艫（とも）。船尾から打つ、あるいは船尾に備えたアンカーはスターン・アンカー。船尾が沈んでいれば、スターン・トリム。船尾の手すり（パルピット）はスターン・パルピット。
→トリム、パルピット

スターン・チューブ【stern tube】
　プロペラ・シャフトが船体を貫通する部分の管。船内に防水のためのグランド・パッキンが付く。

スターン・ツー【stern to】
→ともづけ

スタビリティー【stability】
　復原性、復原力。
→ふくげんりょく

スタンション【stanchion】

ライフラインを支える柱。クルージング艇はもちろん、レース艇の場合も全乗員の体重が内に外にかかるので、十分な強度を要する。
→ライフライン

スタンディング・リギン【standing rigging】

マストを支えるワイヤ・ロープやロッド類の総称。可動するハリヤード類は、ランニング・リギンになる。
→マスト、ロッド・リギン、ハリヤード、ランニング・リギン、リギン

ステアリング・コンパス【steering compass】

操舵手（ヘルムスマン）が見るためのコンパス。

ステアリング・ペデスタル【steering pedestal】

コクピットの中に立った、舵輪を支えるための太い柱。一般に船体中心線上にあり、頭にステアリング・コンパスを載せることが多い。一部の大型艇では左右一対のステアリング・ペデスタルを持つものもある。
→ペデスタル

ステアリング・ホイール【steering wheel】

舵輪（だりん）。舵取り用の円形のハンドル。クラシックな木製の舵輪から、丈夫なステンレス、軽量なカーボンなど、素材はさまざま。ラットということもあるが、ラットはオランダ語のラト（rad、舵輪）から来た日本語。また、ホイール・ステアリングは、ティラー・ステアリングに対して舵輪を使った操舵システムのこと。
→ティラー、ホイール・ステアリング

ステイ【stay】

スタンディング・リギンのうち、マストを前後に支える索具。前から支えるフォアステイ、後ろから支えるバックステイなどがある。横から支えるものはシュラウドだが、これをサイドステイということもある。切れにくい（あるいは切れかけているのをチェックしやすい）ワイヤ・ロープか、伸びにくいロッドが用いられる。

ステイスル【staysail】

ものの本によれば、セールのラフをステイにセットする三角帆とあるが、現在ヨットで使われるステイスルは、スピネーカーやジブの後ろ（内側）に展開する三角帆。ステイによらずフライングで揚げるものもある。大きくメインセールにオーバーラップするものをジェノア・ステイスルと呼ぶ。

スティッキーバック【sticky-back】

裏紙をはがして貼り付けるものを総じてこういうようだが、ヨットの上ではセール・リペア（応急修理）

クロスのこと。サイナーズ・クロスともいう。ポリエステル製、ナイロン製、色やサイズもいろいろある。

スティフ【stiff】
　ヨットでは、復原力が大きい、腰の強い船のことを指す。反対はティッピー（tippy）。また、船体のたわみが少なく硬いこともスティフ（stiff）と表現することがある。

スティフナー【stiffener】
　補強材。

ステッチアンドグルー
【stitch-and-glue (method)】
　合板を型紙通りに切り出し、銅線でつなぎ合わせて形を作り、つなぎ目をFRPで積層して硬化させ、最後に余分な銅線を切断する木造船の工作方法。自作に適した工法。

ステップ【step】
　段。ヨットでは、マストが乗る台座をマスト・ステップという。滑走型モーターボートでは、滑走時の抵抗を減らし安定性を増すために船底に付けた段差。また、梯子や階段状の踏み板もステップという。
→マスト・ステップ

ステディー【steady】
　針路を維持すること。その操舵命令。「ステディー、100度」、「ステディー、赤灯台」というように使う。
→ようそろ

ステム【stem】
　キールから続いた船首部。キール同様、本来はここに構造部材があったが、今のFRP艇では単なる合わせ目になっている。とはいえ、船体中では最も丈夫な部分である。他艇の船腹にステムから突き刺さるようにして衝突した状態をTボーンというが、この場合もステム側はほとんど壊れない場合が多い。ステムの上部でデッキと接する部分をステム・ヘッドという。このあたりにフォアステイの下端が付く頑丈な金物（stemhead fitting）を取り付ける。
→キール

ステンレスこう【ステンレス鋼】
　鉄にクロムなどを加え、錆びにくくした合金。ステンレス。

ストーム【storm】
　嵐、時化（しけ）。ビューフォート風力階級ではゲイルの上の大時化（おおしけ）で、この上はバイオレント・ストームになる。
→ビューフォートふうりょくかいきゅう

ストーム・ジブ【storm jib】
　面積の小さな荒天用ジブ。非常に強い風のときに使う。ISAF-SRではサイズや仕様が決まっている。
→ジブ、エス・アール

ストーム・トライスル【storm trysail】
　メインセールの代わりにマストに

沿わせて展開する、強風用セール。ブームは使わず、クリューから直接デッキにシートを取る。

ストール【stall】
失速。
→しっそく

ストッパー【stopper】
シート・ストッパー、ロープ・ストッパー。
→ジャマー

ストラット【strut】
支柱、支持桁。
→キール・ストラット、ジャンパー・ストラット

ストラテジー【strategy】
→レーシング・ストラテジー、レーシング・タクティクス

ストランド【strand】
糸（ヤーン）を寄り合わせたもの。ストランドを3本寄り合わせたものが三つ打ち（三つ撚り）ロープになる。
→ヤーン

ストレート・チェンジ【straight change】
レース中のジブ・チェンジ方法のひとつ。まっすぐ走りながら、ジブ交換作業をすること。タッキングしながら行うタック・チェンジに対していう。新しいジブを外側に揚げるのが「外揚げ（そとあげ）」。この場合は、古いセールは内側から降ろす。新しいジブを内側から揚げるのが「内揚げ（うちあげ）」。どちらになるかは、現在使っているセールがヘッドフォイルのグルーブの内外どちらを使っているかによる。
→タック・チェンジ、ヘッドフォイル

ストレーナー【strainer】
冷却水取り入れ口やビルジ・ポンプの吸い込み口などに付けたゴミよけフィルター。
→ビルジ

スナイプきゅう
【スナイプ級、International Snipe class】
全長4.72mの2人乗りディンギー。発祥はアメリカ。470級とともに、日本で普及しているセーリング・ディンギーのクラスのひとつ。
→ヨンナナマルきゅう

スナッチ・ブロック【snatch block】
開閉式のブロック。ロープの途中からでも通せるので、シートのリーディング・アングルを変えたり、予備のブロックとして活躍する。

スナップ・シャックル【snap shackle】
道具なしで、ワンアクションで開閉できるシャックル。ハリヤード・エンドなどに使用される。特に片手で操作できるものをワンハンド・スナップ・シャックルといい、メーカー名から「ギブ」、「スパークラフト」

などと呼んだりすることがある。
→シャックル

スナップ・フック【snap hook】
　バネ仕掛けで口が開閉するフック。
→ハンク（ス）

スニーク【sneak】
　元々は「こそこそ動く」というような意味だが、シートやハリヤードのたるみを取る動作を「スニーク」という。じわじわ引く感じ。
→シート、ハリヤード

スパー【spar】
　マストやブーム、スピネーカー・ポールなどの棒材全般をいう。マスト・メーカー＝スパー・メーカー。ただし、棒材といってもボートフックやデッキブラシはスパーとはいわない。

スパイキ【spike】
　一端を細長く尖らせた工具。ロープをスプライスする際に使う。あるいは力の掛かったワンハンド・スナップ・シャックルを開ける時、指を突っ込むと危ないので、代わりにスパイキを突っ込む。強風下のスピネーカー・ピールには必需品。
→スプライス、スナップ・シャックル、スピネーカー・ピール

スパンカー【spanker】
　漁船やモーターボートを風位に立たせるために船尾に付ける帆。釣り好きの人は重宝する。

スピード・ビルド【speed build】
　加速させるために風に対する高さ（または低さ）を犠牲にし、艇速を優先させること。アップウインドでは船を落とし、ダウンウインドでは船を上らせる。もちろんセールを適宜トリムしないと意味がない。
→アップウインド、ダウンウインド、おとす、のぼる

スピネーカー【spinnaker】
　追い風用の左右対称セール。「スピン」、「カイト」、「シュート」、「丸いの」など呼称のバリエーションは多い。あるいは「コンマ・ナナゴ」、「コンマ・ゴ」といったクロスの厚みや、「オールパーパス」、「ランナー」などのデザインの違いをそのまま用いる場合もある。「スピン」は日本独特の短縮形のようだ。

スピネーカー・ガイ【spinnaker guy】
→アフターガイ

スピネーカーシート【spinnaker-sheet】
　スピネーカー用のシート。風下側のクリューをトリムする。日本ではスピン・シートともいう。風上（スピネーカー・ポール側）はガイで、ジャイブすると、同じロープでも「シート」→「ガイ」と、役目と同時に呼び名も入れ替わる。
→シート

スピネーカー・シュート
[spinnaker chute]

ディンギーなど小型のヨットに使うスピネーカーの収納具。フォアデッキに設けた取り入れ口から甲板下に収納するための大きなチューブ状の袋。

スピネーカー・スリーブ
[spinnaker sleeve]

軽い布地で作った細長い袋で、スピネーカーをこの中に束ねて入れたままシートやガイを付け、ハリヤードで引き上げる。スリーブ上端の滑車を通って甲板まで下ろしてある細索を引き、スリーブを底からたくし上げていくと、スピネーカーは風をはらんで開く。たくし上げられたスリーブは団子になってスピネーカー上部に残る。降ろすときにはシートをゆるめ、スリーブを下向きに引いてスピネーカーの上からかぶせる。小人数でスピネーカーを扱うのに適し、クルージング艇で愛用されている。ソック（sock）、サリー（sally）などさまざまな呼び名がある。

スピネーカーとりこみさく
【スピネーカー取り込み索】

スピネーカーの中心部に縫い付けた細いロープで、収納時はこれを引き込む。現在では大型艇に装備されている。海外では、リトリーブ・ライン、トリッピング・ライン、テイク・ダウン・ラインと呼ぶ。

スピネーカー・バッグ [spinnaker bag]

スピネーカーを入れておくためのバッグ。スピン・バッグ。丸いもの、四角いものなど各種あり。レースに使うなら、四角いタイプが主流。

スピネーカー・ピール [spinnaker peel]

異なる種類のスピネーカーを張り替える交換作業。新しいスピネーカーを内側に揚げ、外側から古いスピネーカーを降ろす。その時、果物の皮を剥く（peel）ように見えるのでこう呼ばれる。スピン・ピール、あるいは単にピールとも。
→ジャイブ・ピール

スピネーカー・ホイスト
[spinnaker hoist]

スピネーカーを揚げる動作、作業。なんだか血が湧き、肉躍る瞬間。

スピネーカー・ポール [spinnaker pole]

スピネーカーのタックを、なるべく外に押し出すための棒材。日本ではスピン・ポールともいう。トッピング・リフトとフォアガイで支えられる。アルミ、カーボンなどの材質でできており、長さはルールで決まっている。単に「ポール」といったらスピネーカー・ポールのこと。
→アフターガイ、スピネーカーシート

スピネーカー・ポール・トッピング・リフト
[spinnaker pole topping lift]

スピネーカー・ポールを吊すロープ艤装。ブームを吊すのも同じトッ

ピング・リフトだが、レース艇には付いていないので、通常トッピング・リフトといったら、スピネーカー・ポール用のトッピング・リフトをさす。単にトッピング、トッパーといわれることも多い。
→スピネーカー・ポール

スピン
　スピネーカーの日本での俗称。
→スピネーカー

スプライス【splice】
　ロープとロープをつないだり、ロープとワイヤをつないだり、あるいはエンドに輪を作ったりするための編み込み。結びと違って、継ぎ目がスムースになる。必要外の部分の外皮を取り除き、心材の中に入れ込んでしまうような処理もスプライスという。あるいは、メインシートなど、エンドレスにスプライスすることもある。

スプリット・リング【split ring】
　コッター・リングのこと。
→コッター・リング

スプリング・ライン【spring line(s)】
　係船索のひとつ。船首から後ろへとるものをバウ・スプリング、船尾から前にとるものをスターン・スプリングという。
→係船索

スプレー【spray】
波しぶき。

スプレッダー【spreader】
　シュラウドを左右に広げ、マストとなす角度を稼ぐための補強棒。最低一対。数が多いほど偉いレーサーだとされてきたが、最近は数が減る方向にある。
→シュラウド

スペード・ラダー【spade rudder】
　舵軸だけで支えられたスケグがない舵の形式。ハンギング・ラダー（hanging rudder）ともいう。現在では一般的。
→ラダー、スケグ

スペクテイター【spectator】
　観戦者。スペクテイター・ボートといえば、観覧艇。

スペクトラ【SPECTRA】
　ハネウェル社（米国）が販売しているポリエチレン繊維の商品名。東洋紡からはダイニーマの名前で出ている。強度はケブラー、カーボン以上で、曲げに対する強さでも他のファイバーを圧倒し、紫外線による劣化も吸湿性も少ない。セール・クロスの素材としても用いられるが、長時間力を加え続けた時の歪み（クリープ特性）がケブラーに比べて劣るといわれ、ロープ素材として特に多く用いられる。ウレタンコーティングしたシングルブレードのものもよく使われるが、熱には弱いので、必

要な部分に外皮を巻いて用いる。
→ブレード・ロープ、セール・クロス

スライダー【slider】
→ジブシート・リーダー

スラブ・リーフ【slab reefing】
ジフィ・リーフと同じ。
→ジフィ・リーフ

スラムダンク・タッキング【slam-dunk tacking】
レースの風上レグにおいて2艇がミートするとき、相手の船首ぎりぎりを通過したところでタッキングすることで、相手をブランケットに入れつつ、タッキングして逃げることもできなくするという荒技。うまく決まらないと、自分がホープレス・ポジションに入ってしまうという情けない事態に陥ってしまう。
→ブランケット

スリークォータートン【three-quarter ton】
→トン・カップ・クラス

スリー・ディー・エル【3DL】
ノースセール社が開発したセールの商品名。3次元的なモールド上に繊維を配置し、ラミネートしたセール。従来のパネル・セールに対して、モールド・セールとも呼ばれる。

スリップ【slip】
マリーナでの係留場所。あるいは、トレーラーに乗せたボートを上げ下ろしする斜面（ランプ）のこと。

スリング【sling】
上下架に用いる丈夫なベルト。
→じょうか

スルース・バルブ【sluice valve】
シーコックのひとつで、丸ハンドルをくるくる回して開け閉めするもの。現在はレバーを90度ひねるボール・バルブが主流。
→ボール・バルブ

スルーデッキ・マスト【through-deck mast】
デッキを貫通して立てられたマスト。レース艇に多く用いられる。
→オンデッキ

スルーハル【through-hull】
船体を貫通した穴に被せる金属、プラスチックの部品。内側にシーコックが付く。
→シーコック

スループ【sloop】
1本マスト、2枚帆の一般的な帆装を持つヨット。フォアステイがマストヘッドまであるマストヘッド・リグと、途中までしかないフラクショナル・リグに大別される。
→リグ

スロット【slot】

隙間、溝、細い窪みのことだが、ヨットではジブのリーチと、メインセールの間の隙間を指す。ここに風が流れることによって2枚帆の効果が倍増する。スロットルと表現している人もいるが、スロットル（throttle）は燃料の絞り弁。

スロットこうか【スロット効果】

狭い隙間を流れるときに、流体の速度が速くなるという現象。この現象を利用し、メインセールとヘッドセールの隙間を上手に使うと、セールのパワーを最大限に引き出すことができる。

スロワー【slower】

他艇に比べて速度が遅いこと。速ければファスター(faster)、高さが高ければハイヤー（higher）、低ければロワー（lower）。高さとスピード2つの要素で性能（走り）を比べる時のコールに使う言葉。
→ファスター

せ

せいさく【静索】
→スタンディング・リギン

せいしえいせい【静止衛星】

人工衛星のうち、赤道上空で地球の自転と同じ速さで周回するもの。よって、同じ地点に静止しているように見える。

せいすいタンク【清水タンク】

燃料タンクに対し、真水を入れておくタンク。fresh water tankからFWTと略される。

せいちゅう【正中】

太陽などの天体が、最も高い位置に来ること。太陽の正中時に船位を出すことが多かったので、1日の航程（デイ・ラン）は正午から正午までを測るのが一般的。
→こうてい

せーの

力をあわせる時のかけ声。地域によっては「こーの」ともいう。

セーフティー・ハーネス
【safety harness】

落水防止用の命綱を体に装着するためのベルト。命綱自体はテザー（tether：命綱）という。テザーはライフラインと混同されがちだが、ライフラインというと、船の側についている手すりのワイヤ・ロープを指す。また、ライフラインはテザーをかけるには強度的に十分ではない。

セーフ・リーワード・ポジション
【safe leeward position】

クローズホールドの状態において、相手より風下で、半艇身ほど前方に位置すること。風下にいながら、風上艇のアップ・ウォッシュを受け、さらにダウン・ウォッシュを与えるので、有利なポジションになる。

風上艇は抜き去る望みのないホープレス・ポジションとなる。もちろん、同等の性能を有する2艇間においてのみ有効になる。
→アップ・ウォッシュ、ダウン・ウォッシュ

セーリング・インストラクション（ズ）
[sailing instructions]
→はんそうしじしょ

セーリング・カヌー [sailing canoe]
帆走艤装をほどこした手漕ぎカヌー。

セーリングきょうぎきそく
[セーリング競技規則、RRS]
→アール・アール・エス

セーリング・コンピューター
[sailing computer]
ヨット用コンピューター。狭義には見かけの風向・風速、ボートスピード、コンパスの値から、真風向・風速、真風位を求めるコンピューター。その他、すべてのデータとともに記録として蓄えたり、グラフ化して表示したり、面倒くさいことをしてくれる機械。性能曲線をもとに、最適スピードをはじき出したりもする。あるいは、船位を求めるGPSにも航法計算機能が付いていて、これもセーリング・コンピューターといえる。ラップトップのコンピューターで天気図を取っているようなクルージング派もいるが、これもセーリング・コンピューターである。

セーリング・ディンギー [sailing dinghy]
バラスト・キールがない小型のセールボート。日本では単に「ディンギー」と呼ばれることが多い。セーリング・ディンギーには、非常に多くのクラスがあり、オリンピック種目も多い。なお、バラスト・キールがあればキールボートとなり、キールボートで船内に生活するスペースがあれば外洋ヨットと呼ばれる。
→キールボート、がいようヨット

セーリング・ボート [sailing boat]
→セールボート

セール [sail]
風を受けて前進推力とするための帆。
→セール・クロス

セール・エリア [sail area]
→セールめんせき

セール・クロス [sail cloth]
セールを作るための布地。従来からのダクロンなどの織物に加え、ケブラー、カーボンといった高張力の繊維をマイラーのようなフィルムでラミネートしたものなど、最近のセール・クロスは、布というよりフィルムに近い。スピネーカーに用いられるナイロンやポリエステルの布地は、特にスピン・クロスと呼ばれる。特殊な場合を除き、一般の人が想像

する帆布（キャンバス）をヨットのセール素材として使うことはない。
→ダクロン、ケブラー、マイラー

セールこくせきもじ【セール国籍文字】
　ISAFによって定められた国の識別文字。3文字で表す。例：JPN（日本）、GBR（英国）、NZL（ニュージーランド）。
→アイサフ、セール・ナンバー

セール・タイ【sail tie】
　セールを縛り付ける細紐。平織りで長さが2mほどのもの、あるいはショックコードを使うこともある。英語圏のセーラーは、ガスケット（gasket）と呼ぶ。
→ざっさく

セール・チェンジ【sail change】
　風速や海況などの変化に合わせ、セールを交換する作業。ジブならジブ・チェンジ、略してジブチェン。スピネーカーならスピン・チェンジ、あるいはスピン・ピール、略してピールという。ただしジブからスピネーカー、スピネーカーからジブへの交換作業はセール・チェンジとはいわず、マーク・ラウンディング、あるいはスピン・ホイスト、スピン・ダウンになる。

セール・ドライブ【sail drive】
　セーリング・クルーザーのプロペラ駆動の方式。エンジン本体から真下に伸びたドライブの先にプロペラが付く。シャフト・ドライブに比べて水中の抵抗が少なく、ドライブ部分が翼状になっているので僅かながら揚力も得られる。スターン・チューブがないので漏水もない。
→巻末図

セール・トリム【sail trim】
→トリム

セール・ナンバー【sail number】
　セール番号。メインセールやメインセールにオーバーラップするセールに表示するレース艇のための識別番号。クラス協会やナショナル・オーソリティーなどによって管理され、番号がダブることはない。
→セールこくせきもじ

セール・バッグ【sail bag】
　1：セールを入れるバッグ。いろいろな形がある。スピネーカーを入れるバッグはスピン・バッグと呼ばれ区別される。それぞれ中身が分かるように、大きくセールの区別が記載される。→ソーセージ・バッグ
　2：セール・クロスで作った私物入れ。

セール・プラン【sail plan】
　リグとセールの大きさなどを記した設計図。
→リグ

セールボート
【sailboat(米) sailing boat(英)】

セール（帆）に受ける風の力で動く小型の船。日本では、一般的にヨットといわれる。
→セーリング・ディンギー、キールボート、がいようヨット

セールメーカー【sailmaker】
セールをデザインし、製造する業者。セーリングに関するエキスパートが多いことから、帆走指導やレース出場、長期クルージングの企画立案などをする（または、させられる）場合もある。

セールめんせき【セール面積】
セールの面積。セールの布地そのものを測る場合もあれば、セールを展開できる場所（I、J、P、Eで表される）の面積をいう場合もある。
→アイ・ジェー・ピー・イー

セール・ロッカー【sail locker】
艇内のセールを収納しておく場所。また、ヨット・レースの盛んな米国北東部では、シーズンオフに高価なレース用セールを保管しておくためのエアコン装備の貸し倉庫があるらしい。

セール・ロフト【sail loft】
セールメーカーの仕事場。セール製造工場。事務所も含めてロフトと呼ぶ。
→セールメーカー

せかいじ【世界時】
→グリニッジひょうじゅんじ

せきそう【積層】
複数の材料を張り合わせて強度を持たせること。ラミネート（laminate）。

セキスタント【sextant】
→ろくぶんぎ

セクション【section】
断面形状。

ぜつえんがいし【絶縁碍子】
→インシュレーター

セティー・バース【settee berth】
寝床を兼ねた長いす。ヨットやボートのキャビンではよく使われる。上下するテーブルと組み合わせて、ダブルベッドになったりもする。

ゼネラル・パーパス・ハンディキャップ
【General Purpose Handicap】
IMSで算出されるハンディキャップのひとつ。IMS自体は、あるヨットの、風速や風向によって異なる性能を広く評価したものだが、それでは範囲が広すぎるので、クラス分けなどをする際に都合がいいように表した総合的数値。数字は1マイルあたりの所要時間（秒）を表す。GPH。
→アイ・エム・エス

ゼネラル・リコール【general recall】
ヨット・レースにおいて、全艇が

スタートをやり直すこと。ジェネリコ、ゼネリコと略されることが多い。
→リコール

セル・モーター【self-starting motor】
エンジンを始動させるための電動モーター。スターター・モーター。

セルフタッキング・ジブ
【self-tacking jib】
ジブシートを操作することなくタッキングすることができるジブのシステム。
→ジブシート

セルフテーリング・ウインチ
【self-tailing winch】
通常のウインチは、テーリングしながらウインチ・ハンドルを回すことによってロープを巻き上げていく。これでは片手でハンドルを回すか、2人がかりで作業を行わなくてはならない。そこで、テーリングなしに巻き上げられるよう、ドラム上部に溝車を設けたウインチ。ジブシートのリリースのような動作はしづらくなるので万能ではない。
→テーリング、ウインチ

セルフベイリング【self-bailing】
自動的に排水されること。また、セルフベイラー（self-bailer）といえば、船が走る際の流速による負圧で排水する仕組み。

せんい【船位】
船の位置。ポジション。陸上と違い、海上には目印が少ないので、正しい船位を求めるのは非常に重要だ。ナビゲーションの基本は正しい船位を求めることから始まる。
→ナビゲーション

せんがいき【船外機】
エンジンとプロペラが一体化しており、船尾に付けて使う。燃料タンクは別付けのものと、一体型のものがある。ヨットでも小型艇には使われる。船内に備えたインボード・エンジンに対して、アウトボード・エンジンともいう。
→インボード・エンジン

せんかいまど【旋回窓】
操舵室などの窓に取り付ける回転式のガラス窓。遠心力で波飛沫や雨をはじきとばす。プレジャーボートでは自動車と同型のワイパーを用いることが多いが、旋回窓の方が大波に強い。

せんがん【洗岩】
頂上が水面とほとんど同じ高さの岩。この場合の水面は最低水面であるから、実際はほとんど水中にある。
→さいていすいめん

せんきゅうきょうかい【船級協会】
船舶の構造強度や艤装の技術基準を設定し、その適合を判定する法人。日本では日本海事協会（NK）、その他、英国のLloyd's Register of

Shipping（Lloyd's, LR）、米国のAmerican Bureau of Shipping（ABS）が有名。ヨットでは、ABSが本格的な構造基準を設定している。

せんぐや【船具屋】

船具を販売する店。プレジャーボート用の船具だけを置く店を指して、マリンショップという。特殊な需要のわりに、取り扱う商品の範囲が広いので、最近では通販も盛ん。

せんけい【船型】

船のかたち。主として水面下の形状を指す。

せんけん【船検】

日本小型船舶検査機構による船舶検査。

せんこく【船殻】

造船の世界で船殻設計というと構造設計が中心になるようだが、ヨット（に乗る方）の世界では船殻（＝ハル）といえば船体外殻で、その内側にフレームなどの構造物が備わると船殻という意識になる。

せんしゅ【船首】

→バウ

せんしゅろう【船首楼】

→フォクスル

せんせきこう【船籍港、port of registry】

船の本籍地に当たるもの。船の国籍もこれによって決まる。平たくいえば、ホームポート。

ぜんせん【前線】

性質の異なる気団が地表において接する境界線。気圧の違いではなく、温度や湿度の違いだ。温暖前線、寒冷前線、閉塞前線などがある。

センター・オブ・エフォート【center of effort, CE】

圧力中心。
→シー・イーとシー・エル・アール

センター・オブ・グラビティー【center of gravity, CG】

重心。
→じゅうしん

センター・オブ・ブヤンシー【center of buoyancy, CB】

浮力中心、浮心。

センター・オブ・フローテーション【center of floatation】

浮面心。水線面の面積の中心。船はこの点を通る左右軸の周りに縦傾斜（trim、トリム）する。

センター・オブ・ラテラル・レジスタンス【center of lateral resistance, CLR】

水中横面積の中心。
→シー・イーとシー・エル・アール

センター・コクピット【center cockpit】

一般的なヨットにおいてコクピットは船尾に位置するが、船内船尾にキャビンを設け、その前側にコクピットを移動させたものをセンター・コクピットという。コクピットが真ん中にあるというわけでもない。

センターボーダー【centerboarder】

センターボードを持つヨット。センターボード艇。セーリング・ディンギーはもちろん、セーリング・クルーザーでも昇降可能なセンターボードを持つものはセンターボーダーと呼ばれる。

センターボード【centerboard】

横流れを防ぐために船底に設けた翼。追い風では必要ないので引き上げることができるが、ピンを中心に回転式のものをセンターボード、上から抜き差しするものをダガーボード（daggerboard）と呼びわけることもある。外洋クルーザーではこの翼部分がバラストも兼ねているのでバラスト・キール、フィン・キールと呼ぶ。まれには、バラストは船底部に固め、揚降可能なセンターボードを備えた外洋艇もある。重いバラスト・キールごと揚降するリフティング・キールもある。いずれも、追い風ではフィン・キールは必要なく、また浅い湾内に錨泊する時にも吃水は浅い方が良いという理由から揚降可能になっている。

センターボード・ケース【centerboard case】

吃水より高い位置まであるセンターボードを収納するケース。センターボード・トランク（centerboard trunk）ともいう。
→センターボード

せんだい【船台】

ボートを陸上に置くときに使用する台。船はそのままでは座りが悪いので、船に合わせた形のものが必要になる。クレードルともいう。車輪がついていて、船台ごと移動可能なものもある。

せんたいせんず【船体線図】

→ラインズ

せんたいほうき【船体放棄】

洋上で船を捨て、退船すること。

ぜんちょう【全長、length overall, LOA】

船体の前端から後端までの長さ。ただし、日本小型船舶検査機構のいう「船の長さ」は、舵軸の中心から船首までの長さで「全長」より短くなる。また、パルピットやバウスプリットなど船体からはみ出した艤装品を「全長」に含めるかどうかは議論の余地があるらしい。

せんていとりょう【船底塗料】

フジツボや汚れが船底に付かないようにするための特殊な塗料。
→じこけんまがたせんていとりょう

せんないがいき【船内外機】
→インアウト・エンジン

せんないき【船内機】
→インボード・エンジン

せんぱくあんぜんほう【船舶安全法】
　1933年（昭和8年）に制定された日本の海上安全の基本法。SOLAS条約（海上人命安全条約）とも整合している。ヨットに関係の深い日本小型船舶検査機構の規定や小型船舶安全規則もこの法律に基づく。
→ソーラスじょうやく

せんぱくけんさしょうしょ【船舶検査証書】
　小型船舶にあっては、船検に合格した船舶が受ける証書。検査の時期などが記載された「船舶検査手帳」および船舶の両舷に貼り付けて船検に合格したことを表示する「船舶検査済票」とともに交付される。
→こがたせんぱく、せんけん

せんび【船尾】
→スターン

せんびとう【船尾灯】
　船尾に付ける航海灯。舷灯が見えなくなる船尾側をカバーする白灯。
→こうかいとう

そ

ぞうすいき【造水機】
　海水から清水を作る装置。最近は、安価かつ小型で実用的なものが出てきている。辺ぴな土地では軽油よりもきれいな水の方が手に入りにくいので、造水機を搭載しているクルージング艇は多く、長距離外洋レース艇も軽量化のために搭載している。

そうどうせん【双胴船】
→カタマラン

そうトンすう【総トン数、gross ton】
　船の容積。実測するのは困難なので、船の長さ×幅×深さに係数を乗じて求めたおおよその容積。ヨットやボートの場合、実用上、総トン数はたいした意味はもたないが、小型船舶の定義が総トン数20トン未満と決まっており、5トン超か否かでも法的な扱いが異なるので、総トン数を求めざるを得ない。船の重さは排水量になる。

そうなんつうしん【遭難通信】
　電波法によって規定された、遭難に関する通信。船舶または航空機が、重大かつ急迫した危険に陥った場合に、遭難信号を前置する通信。これに対し、緊急通信は「船舶または航空機が、重大かつ急迫した危険に陥るおそれがある場合、またはその他緊急の事態が発生した場合（落水など）に、緊急信号を前置するもの」となる。
→メーデー、パンパン

ぞうはていこう【造波抵抗】
　船が走る時に起こす波によって発

生する前進抵抗。
→ハル・スピード

そうびょう【走錨】
　アンカーが利かず、船が流されること。

そうびょうはく【双錨泊】
　船首から角度をもたせて2つのアンカーを投入し、振れ回りを抑える錨泊方法。風上と風下に2つのアンカーを打って錨泊する方法も含む。アンカーひとつで振れ回す単錨泊（たんびょうはく）、または風上側にほとんど角度をもたせず2つのアンカーを打つ二錨泊（にびょうはく）と区別される。
→アンカー

そうほうこうつうわ【双方向通話】
→デュープレックス

ソーセージ・コース【sausage course】
　風下マークと風上マークをくるくる回るレース・コース。セーリング・クルーザーのレースでは、一昔前まではサイド・マークを加えた三角コースが主だったが、最近はこちらが主流になっている。ウインドワード／リーワード、上下（かみしも）、ブイ回りともいう。

ソーセージ・バッグ【sausage bag】
　セールを収納するバッグのひとつ。フットに沿って畳んだセールをそのまま入れる細長いもので、収納、展開が楽なのでセーリング・クルーザーのレースに使われるのは、このタイプがほとんど。保管時もくるくる丸めておけばかさばらない。なぜかクルージング艇に使われることが少ない。
→セール・バッグ

ソーラー・チャージャー【solar charger】
　太陽電池（solar cell）に、過充電や逆流防止のためのレギュレーターなど関連装置を付加したバッテリー充電システム。
→たいようでんち

ソーラスじょうやく【SOLAS条約】
　海上人命安全条約。International Convention for the Safety of Life at Sea。IMOの基本的な条約で、世界共通の海上安全立法の基礎となっている。
→アイ・エム・オー

ソール【sole】
　船の構造的にはフロア（floor）は床下の構造部材を指し、区別するために床板をソールと呼ぶ。もっとも、一般的には床板をフロアと呼ぶ。
→フロア

ソグ【SOG】
　対地速力（speed over the ground）。

そくしんぎ【測深儀】
→デプス・サウンダー

そくどけい【速度計】
船の速度を示す計器。スピードメーター。ログともいう。
→ログ

そくどよそくプログラム【速度予測プログラム】
→ブイ・ピー・ピー

そくりょく【速力】
船が進む速さ。速度。艇速。1時間に1マイル進む速さが、1ノット(knot)となる。ここでのマイルは海里（nautical mile）で1.852km。1ノットは時速1.852km。
→マイル

ソック(ス)【sock(s)】
小人数でスピネーカーを上げ下げするために用いる筒状の布。
→スピネーカー・スリーブ

そとあげ【外揚げ】
ジブのストレート・チェンジで、新たなセールを外側から揚げ、内側からそれまで揚げていた古いセールを降ろすこと。外揚げ・内降ろし。
→ストレート・チェンジ、うちあげ

ソナー、ソーナー【sonar】
水中超音波探知機（sound navigation and ranging）からの造語。超音波の反射で水中の物体を識別する装置。魚群探知機は真下を探るのに対し、こちらは横方向も探ることができる。潜水艦が使うことで有名だが、最近ではプレジャー用の魚群探知機にもソナーの機能がついているものがある。

ソリッド・セール【solid sail】
→ウイング・セール

た

ターゲット・ボート・スピード【target boat speed】
VMGを高めるための目標速力。性能曲線をもとに風上航（アップウインド）、風下航（ダウンウインド）について真風速ごとに目標となる速力をあらかじめ決めておく。風上航では、目標速力より艇速が速ければ落としすぎ、遅ければ上りすぎと考えて最適トリムを求めていく。風下航では、目標速力より艇速が速ければ上りすぎ、遅ければ落としすぎと考えて最適トリムを求めていく。
→ブイ・エム・ジー

ターニング・ブロック【turning block】
コントロール・ロープなどのリード角を変えるために使われるブロック。特定のブロックがあるわけではなく、この用に供されるブロックをターニング・ブロックと呼ぶ。
→ブロック

ターポリン【tarpaulin】
ポリエステルやナイロンの織物を合成樹脂フィルムでサンドイッチした複合素材。防水性が高く、ヨット、ボートでは防水カバーやドジャーな

どに、また、カッパやバッグにも用いられる。
→ドジャー、カッパ

ターミナル【terminal】

ヨットの上では、ワイヤの両端にある接続部品を指す。単に穴の空いたアイ・ターミナル、溝に相手方を挟むようにしてピンで留めるフォーク、マストに開けた穴に差し込んでひねって留めるTボールターミナルなど、さまざまな形がある。ターミナルはトグルやタングを介してクレビス・ピンを差し込んで留める。クレビス・ピンが抜け落ちないように、コッター・ピンやコッター・リングで留める。
→スウェージング、クレビス・ピン、トグル、タング

ターンバックル【turnbuckle】

ワイヤの張り具合を調節するための部品。ターミナルの先端に位置する。さまざまな種類があるが、基本的にはネジの出し入れで長さそのものを変える。ステイやシュラウドの付け根に用いられる。

ダイアゴナル・カット【diagonal cut】

セールのカット・パターンのひとつ。セール・クロスの短辺をリーチとフットに合わせて配置したもの。マイター・カットともいう。

ダイアフラム・ポンプ【diaphragm pump】

ネオプレンゴムの膜（diaphragm）を押したり引いたりして駆動するポンプ。ピストン・ポンプに比べ、漏水がないのが利点。

ダイアモンドステイ【diamond-stay】
→ジャンパーステイ

だいいちだいひょうき【第一代表旗】

国際信号旗のひとつ。ヨット・レースではゼネラル・リコールを意味する。
→ゼネラル・リコール

たいけんこうろ【大圏航路】

地球上の2点間を結ぶ最短の航路。メルカトル図法で描かれた海図上で2点を結んだ線（ラム・ライン）は、角度は一定だが最短距離にはならない。沿岸クルージングのような短い距離ではその差はごく僅かだが、長距離にわたって東西に移動する場合（赤道付近を除く）、その距離差は大きくなる。
→ラム・ライン

たいこうせい【耐航性】

シーワージネス（堪航性）よりも狭義で、波の中をまともに進むことができる性能をいう。
→シーワージネス

たいすいそくりょく【対水速力、log speed】

水に対して船が移動している速力。対水スピード。スピードメーターで表示される速力。潮流がなければ対地速力と同じになる。

→たいちそくりょく

たいちそくりょく
【対地速力、boat speed over the ground】
　船の対水速力に、潮流、海流の速力ベクトルを加えた速力。SOG。ある港から次の港まで、という航海の観点からすると、問題になるのは対地速力である。対水速力もさることながら、航海をする上では対地速力が重要な要素になる。
→たいすいそくりょく

タイト・カバー [tight cover]
　レース戦術のひとつ。たとえば風上前方に位置することで相手艇の風をうばい、相手艇がタッキングして反対側の海面に逃げるしかないような状況に陥れること。
→ルーズ・カバー

ダイニーマ [DYNEEMA]
　東洋紡のポリエチレン繊維の商品名。
→スペクトラ

ダイネッティー [dinette]
　クルーザーのキャビンで、テーブルを挟んで長椅子を配置したもの。テーブルを椅子のレベルに下げ、長椅子の背当てクッションをそこに置き、ダブルサイズのベッドにするようなものもある。
→セティー・バース

タイプ・シップ [type ship]
　ヨットやボートの設計にあたり、モデルにする船。

たいふう【台風】
　北西太平洋で発生する熱帯低気圧で、中止付近の最大風速が17.2m/秒に達するものをいう。

だいぼうあみ【大謀網】
　定置網の一種で、袋状の網の中に魚を追い込み捉えるもの。海面付近にブイとともに太いロープを展開しているので、ヨットが乗り上げると抜けられなくなる。規模も大きく、迷い込むとこれまた抜けにくい。

ダイ・マーカー [dye marker]
　捜索機からの発見が容易になるよう、海水を染める強力な染料。

タイム・アロワンス [time allowance]
　ヨット・レースで、ハンディキャップによる修正時間を求める際に使われる係数。TAと略す。ハンディキャップ・システムは現在も試行錯誤が続いているが、かつて使われていたレーティングは長さの単位で個々の艇の性能を表していた。そこから時間修正に用いる係数（TCFなど）を算出して運用していたが、現在はヨットの性能を表す部分と、そこから時間修正をする部分（スコアリング）を分けて考えている。レースのコースや風速によってハンディキャップが変わるなど複雑である。TAの概念も幅広い。

タイム・オン・タイム [time on time]

　ヨット・レースでハンディキャップによる修正時間を求める際に、所要時間を基にして計算を行う方法。風が弱く、レースが長時間かかればそれだけハンディが利いてくる。コースの距離に対してハンディを計算する「タイム・オン・ディスタンス」に対して、こう呼ばれる。
→タイム・オン・ディスタンス

タイム・オン・ディスタンス [time on distance]

　ヨット・レースでハンディキャップによる修正時間を求める際に、コース距離を基にして計算を行う方法。風の強弱にかかわりなく、スタート前からハンディの差が決まっていることになる。
→タイム・オン・タイム

タイム・マルチプリケーション・ファクター [time multiplication factor, TMF]

　ヨット・レースで、ハンディキャップによる修正時間を求める際に使われる係数。TCFも同様のもの。
→タイム・アロワンス

タイム・リミット [time limit]

　ヨット・レースの成立条件のひとつ。一般的に、タイム・リミット以内に1艇でもフィニッシュした艇があればそのレースは成立する。また、タイム・リミット内にフィニッシュできなかった艇は、失格にすると規定されていることが多い。時刻によって定められていることもあれば、最初の艇がフィニッシュした時刻からの時間が定められるタイム・リミットもある。

ダイヤル・アップ [dial up]

　マッチ・レースのスタートで、対面した両艇が互いにラフィングし風位に立って向かい合うまでの動作。

たいようでんち [太陽電池]

　太陽光を電気エネルギーに変える魔法の板。シリコンなどの半導体を用いるが、シリコンといえばシーリング剤や豊胸手術を思い浮かべてしまう筆者には、なぜ電気が生じるのか不思議でならない。
→ソーラー・チャージャー

ダウンウインド [down-wind]

　風下に向かって走ること。風下航、追っ手。かつてセーリングはクローズホールドとフリーの2つに分かれていたが、風下の目的地へ向かう場合も最高のVMGを求めてジャイビングを繰り返しながら進むようになり、風上に向かうアップウインドに対して、ダウンウインドということが多くなった。加えて、クルーズホールド以外で、直接目的地にヘディングが向いている状態をリーチングとしている。
→アップウインド、リーチング、ブイ・エム・ジー、ヘディング

ダウンウインド・タッキング

[down wind tacking]

ダウンウインドでジャイビングを繰り返しながら風下にある目的地を目指すこと。ジャイビングなのだが、何故かここではタッキングという。
→ダウンウインド

ダウン・ウォッシュ【down wash】

揚力が発生している時、流体が翼を通り過ぎた後もさらに下方に向きを変えること。
→アップ・ウォッシュ

ダウンビロー【downbelow】

セーリング・クルーザーにおけるデッキの下、つまりキャビン。特に外洋レース艇ではキャビンということはほとんどない。微風時はデッキに最小限のクルーを残し、他のクルーはダウンビローに引っ込んで重心を下げ、重量を集中させる。これを「ダウンビローする」と動詞のように用いることもある。セール・チェンジの際、「降ろしたセールは、ダウンビローな」などとも用いる。

ダウンホール【downhaul】

下方に引き下げるロープの総称。メインセールのカニンガム・ホールを下に引くのもダウンホール。カニンガム・ホールのホールは穴のholeで、ダウンホールのhaulは引っぱるの意味。
→カニンガム・ホール

ダガーボード【daggerboard】

船の横流れを防ぐ可動式のボードで、上下に抜き差しするもの。セーリング・クルーザーでもバラスト・キールを上下動させるものがあり、これもダガーボードの一種なのだろうが、リフティング・キールと呼ばれることが多い。

たくえつふう【卓越風】

ある海域で、時期による一般的な風。季節風など。長距離航海は、卓越風を利用して楽に走れる時期とコースを選ぶ。

タクティクス【tactics】

→レーシング・タクティクス、タクティシャン

タクティシャン【tactician】

ヨット・レースにおいて、他艇との駆け引き（戦術：tactics）を担当するクルー。戦略担当（ストラテジスト：strategist）も合わせて広義に捉えることも多い。対して、ナビゲーターは自艇のポジションを把握するのが仕事だが、時にタクティクスに口を出すこともあり、また、風向や他艇の動向をコールするクルーもタクティクスに介入したりし、これで順位が悪いとチーム全体が気まずい状況になる。
→レーシング・タクティクス

ダクロン【DACRON】

米国のデュポン社が持つポリエステル繊維の商品名。

→ポリエステル

タコツ

タコツボの省略形。主に相模湾水域の学生諸君による隠語。「2時、タコツ」といえば「進行方向を12時として2時の方向にタコツボあり」の意。正確には、タコツボに接続した引き上げ紐を浮かせておくための目印の小さな浮きを発見したという意味なのだが、中にはあの浮き自体が「タコツ」という名称だと思っている粗忽者もいる。なわけで、刺し網の目印もタコツになるという、わけのわからない状況になっている。
→たこつぼ

たこつぼ【蛸壺、タコツボ】

食用としてタコを捕らえるために海底に沈めた漁具。ヒールしながら走っている場合、その引き上げ紐をセンターボードやキール、時にラダーに引っ掛けてしまい、面倒なことになる。

だじく【舵軸】

舵の軸。
→ラダー・シャフト

タッキング【tacking】

風上に向かって方向転換し、タックを変えること。ルール的にはクローズホールドからラフィングし、風位を越えた瞬間から新しいクローズホールドまで。縮めてタックともいうが、タックには他にもいろいろ意味があるのでヤヤコシイ。
→タック

ダッキング【ducking】

帆走中に、少し船首を風下に振って、すぐに元へ戻す操作。水鳥が一瞬、首を水中に入れてすぐ上げる動作から来ているという。
→ディップ

タッキング・マッチ【tacking match】

先行艇のタイト・カバーを避けてタックを返した後続艇に対し、さらにタイト・カバーで応戦すること。1987年のアメリカズ・カップ挑戦艇シリーズにおいて、〈スターズ＆ストライプス〉（デニス・コナー艇長）と〈キウイ・マジック〉（クリス・ディクソン艇長）が、わずか3マイルの間で行った55回のタッキング・マッチが有名。
→タイト・カバー

タック【tack】

1：セールの下辺前端。→巻末図

2：ジャイビング中でもタッキング中でもない状態。右舷から風を受けていればスターボード・タック。左舷からならポート・タックの状態という。

3：タッキングの略。→タッキング

タック・セット【tack set】

風上マーク回航時におけるスピネーカー準備方法のひとつ。ポート・

タックのレイラインから風上マークにアプローチし、タッキングしながらマークを回り込む方法。風上マーク2艇身以内でのタッキングは、ルール上、大きなリスクがあるのでできれば避けたい。
→レイライン、ベア・アウェイ・セット、ジャイブ・セット

タック・チェンジ [tack change]

ジブ・チェンジのパターンのひとつ。新しいセールを揚げた直後、タッキングしながら古いセールを降ろす。ストレート・チェンジよりも作業効率が良いため、タッキングする余地があるならこの方法を選択することが多い。タッキングし終わった時に風上側になる古いジブが降りてこないとならないので、タッキング前の時点では風上側のヘッドフォイル・グルーブが開いていなくてはならない。
→ジブ・チェンジ、ヘッドフォイル、グルーブ、ストレート・チェンジ

タックホーン [tack-horn]

ジブのタックを取り付けるために、ステム・ヘッド部に付いている部品。本来は角のような形をしていて、そこにタックを引っ掛けるようなものが多かったのでこう呼ばれる。今はたんなる輪であることが多く、ここにセール側に付いているシャックルを留める。

タッピング・スクリュー [tapping screw]

木ねじ。略してタッピング。比較的強度の必要がない部品を取り付ける際に用いる。

ダビット [davit]

ヨットやボートでは、テンダー（足船）を吊り下げておくために設けられた張り出し桁。ボートの前後2カ所を吊るように2本ある。
→テンダー

タフラフ [Tuff-Luff]

外洋レース艇のヘッドフォイルの商品名。フォアステイに取り付け、2本のグルーブを使ってヘッドセールを上げ下げするもの。軽量、丈夫で圧倒的なシェアを誇ったが、最近、ライバルも現れている。クラス・ルールでヘッドフォイルの使用が禁止されている場合は、ハンク（ス）でセールを取り付ける。両者にセールの互換性はない。
→ヘッドフォイル、ハンク

ダブル・アクション [double action]

シングル・アクションに対し、もう一手間必要になること。ダブル・アクションのスナップ・フックというと、いったんセーフティーレバーを倒してからでないとフックが開かないようになっている。不意に外れないというメリットがあり、セーフティー・ハーネスに用いるテザー末端などに使われる。
→テザー

ダブルエンダー【double-ender】
　船首、船尾ともに尖っている船型。

ダブル・チャイン【double chine】
　片舷2本ずつのチャインが通っている船型。
→チャイン

ダミー・タック【dummy tacking】
　タッキングすると見せかけてタッキングしないこと。敵を惑わすレース戦術。フェイク（fake）・タックともいう。

だりん【舵輪】
→ステアリング・ホイール

タング【tang】
　穴の開いた板で、マストなどに固定し、ワイヤなどを接続するための金物。セーリング・ディンギーを含む小型ヨットでは、シュラウドなどがこれに付く。

タンク・テスト【tank test】
　ヨットやボートの船型テストのため、水槽内で模型を曳航するなどし、実験すること。水槽試験。水槽は専用のもので、長さ数百メートルにおよぶものもある。

たんこうせい【堪航性】
→シーワージネス

だんせいりつ【弾性率】
　物体の伸びを表した数値で、加えた力と伸びの比。弾性率が高いというと伸びにくいことを意味する。対して、強度というのは強さの程度をいい、どれだけの力を加えたら壊れるかということ。弾性率が高いからといって、強度が強いとはかぎらない。ハイテク素材を吟味する時に必要な要素であるため、本書に加えた。

たんそせんい【炭素繊維】
→カーボン・ファイバー

タンデム・キール【tandem keel】
　2つのキールを縦方向に装備するもの。性能向上のための工夫のひとつとして考案された。同じようにキールが2つあるものでも、横に並んでいるのはツイン・キールという
→ツイン・キール

たんどうてい【単胴艇】
→モノハル

たんばん【単板】
　船体構造のひとつで、サンドイッチ構造に対して、一様の材質で造られた積層板をいう。
→サンドイッチこうぞう

ダンプ【dump】
　ロープなどを一気に解き放つこと。タッキングの際のジブシートなど、一気にリリースすること。
→キャスト・オフ

ダン・ブイ【dan buoy】

落水者に対してただちに投下し、その位置を分かりやすくするための浮きが付いた旗竿。普段はかさばらないように、伸縮式や膨張式のものもある。安全備品のひとつで、救命浮環とつないで用いることが多い。オーバーボード（落水）・ポールともいう。
→エス・アール

ダンフォース・アンカー
[Danforth anchor]

米国ダンフォース社製のアンカー。軽量ながら泥や砂では利きがよいとされる。「ダンフォース・タイプ」と称し、形だけが似ている類似品も多いが、中には性能が大きく劣るものもあるので購入の際には注意を要する。

タンブルホーム [tumblehome]

船側外板が、船腹付近で膨らんでいる船体形状。

ち

チーク [teak]

インド、ミャンマー、タイなどに分布する木材で、ヨット、ボートの内装やデッキなどに用いられる高級材料。

チーク・ブロック [cheek block]

平面に貼り付けるタイプのブロック（滑車）。
→ブロック

チーティング [cheating]
→ルール・チーティング

チーム・レース [team racing]

複数のボートからなるチーム間で勝敗を決めるレース形態。1艇に乗り組むメンバーの集合体をして「チーム」とも称するが、ここでいうチームは何艇かのレース艇の集合体をさす。チーム・レースにおける特別なルールがRRSで規定されている。
→アール・アール・エス

チェイサー [chaser]

交換用セールや機材の上げ下ろし、その他、艇外からのコーチングなどに用いる支援艇。チェイス・ボート。広義にはサポート・ボート、テンダーとも。

チェーン [chain]

アンカーに接続して用いる鉄やステンレスの鎖。アンカー・チェーン。アンカー・ロープに比べて重いのが難点だが、その重さが錨利きを良くする利点でもある。

チェーン・プレート [chain plate]

シュラウドやバックステイを取り付ける船体側の金物。帆船時代には鎖が使われていたためこの名が残っている。最新のグランプリ・レーサーでは船体ごと積層され、盛り上がっているだけというものもあるが、それでもチェーン・プレートと呼ぶ。

チェーン・ロッカー 【chain locker】
　アンカー・チェーンの収納場所。長いアンカー・チェーンを有する艇では、ウインドラス（揚錨機）から、そのままチェーン・ロッカーにリードされる。

チェックステイ 【check-stay】
　ランニング・バックステイのあるフラクショナル・リグで、マストの曲がりを調整するためのステイ。ランニング・バックステイと連動しており、これを詰めてランニング・バックステイを強く引けば、マスト・ベンドを抑えつつフォアステイのテンションを上げていくことができる。ゆるめるとその逆になる。
→フラクショナル・リグ、ランニング・バックステイ

チタニウム 【titanium】
　軽くて強く、耐熱性、耐食性にとんだ高級金属素材。一時はグランプリ・レーサーに多用されたが、現在はルールで禁止されていることが多い。チタン、タイタニウムともいう。ヨット界よりも、ゴルフ業界で一般化している素材。

ちもんこうほう 【地文航法】
　天体を用いて船位を導き出す「天文航法」に対し、陸地の目印をもとに船位を求める航法。推測航法を併用する場合もある。GPSに代表される衛星航法全盛の時代だが、それでも最後は灯台を見て走るのは基本であり、地文航法がなくなったわけではない。
→すいそくこうほう

チャーター 【charter】
　ヨットやボートを貸し切りで使うこと。船だけを借りるのがベアボート・チャーター、スキッパーやクルーがつくのがクルード・チャーター。クルージング艇はもちろん、レース艇もチャーターできる。

チャート 【chart】
　海図。
→かいず

チャート・テーブル 【chart table】
　キャビン内にあって、海図を広げてナビゲーション作業を行うための机。付近には航海計器や無線機などが配置されることが多い。航海のスタイルによってはきわめて重要なスペースだったり、あまり意味のない空間だったりもする。
→ナビゲーション

チャイン 【chine】
　船底部が、船側と角度を持って交わる線。チャインを持った船型の船を、チャイン艇という。

チャンドラー 【chandler】
　船具屋、マリンショップ。
→せんぐや

チャンネル 【channel】

1：ある特定の周波数を呼びやすく名付けたもの。テレビのチャンネルと同じ。
2：海峡。水路。

ちゅうかんリグ【中間リグ】
→フラクショナル・リグ

チューニング【tuning】
調整すること。マスト・チューニングといえば、マストの傾きや曲がり具合、ステイの張り具合を調整し、セールとのマッチングをはかること。無線機のチューニングといえば、周波数を合わせて選局すること。

ちょうせき【潮汐】
月および太陽の引力によって、海面が規則的に満ち引きすること。海上保安庁が発行する『潮汐表』によって、あらかじめ知ることができる。
→ちょうじ、ちょうこう

ちょうちん【提灯】
スピネーカーの展開に失敗し、途中でねじれたまま風が入ってしまうこと。ワイングラスともいう。運が良ければ、そのまま正常な状態に復帰することもあるが、ある程度までスピネーカーを降ろし、さばき直した後に再び揚げた方がロスが少ない場合もある。提灯に至る理由として、スピネーカー・パッキングが悪いとされることが多いが、トリマーやヘルムスマンのミスによることもあり、一概にパッキング担当者を責めてはいけない。

ちょうりゅう【潮流】
潮汐によって起きる海水の流れ。風向は吹いてくる方向をいうが、潮流では流れていく方向をいう。南流（なんりゅう）といえば、南に向かう流れ。海流の流れを潮流ということもある。
→ちょうせき、かいりゅう

ちょくせつれいきゃく【直接冷却】
エンジン冷却方式のひとつ。ポンプで汲み上げた海水で、直接エンジンを冷却する方式。
→かんせつれいきゃく

ちょくりゅう【直流】
陰極（マイナス）と陽極（プラス）が変わらない電流。direct currentからDCと表記する。
→こうりゅう

チョック【chock】
デッキ上に取り付けられた、係留索などの擦れ止め用金物。船首にあるのをバウ・チョックと呼んでいるが、なぜか船尾にあるものをスターン・チョックとは呼ばない。また、チョックをフェアリーダー（fairleader）ともいうし、このあたりの呼び方はかなり曖昧である。

チョッピー【choppy】
小さいが険しい波が立っているようす。小波の険しい様。

→さんかくなみ

チョップド・ストランド・マット
【chopped strand mat】
　FRPに用いるガラス繊維の基材のひとつ。50mmほどの長さに細かく切断した繊維を不定方向に重ねたもの。接着力が強い。マットともいう。
→エフ・アール・ピー

チラー
→ティラー

チルト【tilt】
　ヨットやボートの世界では、船外機を跳ね上げること。ボートに用いる船内外機のプロペラ・ユニットを上げ下げすること。チルト・アップ、チルト・ダウン。
→せんがいき、せんないがいき

ちん【沈】
　ヨットが転覆すること。キャプサイズ。ひっくり返っただけの状態。沈没の「沈」だが、沈むわけではない。横倒しの状態を半沈（はんちん）、完全に逆さまになった状態を完沈（かんちん）、船首から海中に突っ込むことをバウ沈（ばうちん）と使い分ける。セーリング・ディンギーの場合、沈はそれほど珍しいことではなく、モーターボートにおける転覆とはニュアンスが異なる。

つ

ツイーカー【tweaker】
　スピネーカーシートのリード角を調整するための装置で、ロープの先に付けたブロックにスピンシートを通し、下方に引くコントロール・ロープ。海外ではツィング（twing）という。

ツイスト【twist】
　セールのねじれ。セール上部にいくほどリーチが開いていく状態。リーチのテンションが弱いということは、ツイスト量が大きく、リーチが開いている状態になる。風のグラディエントに対応させるため、あるいはセールのどこかしらで風をつかみグルーブを広くするため、時にはセール上部の風を逃がすため、セールにはツイストを持たせる。
→グラディエント、グルーブ

ツイスト・シャックル【twisted shackle】
　シャックルの種類のひとつ。U字型の部分が90度捻ってあり、取り付ける相手の軸とピンが平行になる。
→シャックル

ツイン・キール【twin keel】
　2つのキールが横に並んでいるもの。帆走性能はあまりよくないが、吃水を浅くでき、浜座りもよくなる。2つのキールが縦に並ぶとタンデム・キールになり、目的がまったく異なる。
→タンデム・キール

ツイン・ラダー【twin rudders】

2枚のラダーを左右両舷にそなえたもの。幅の広い船尾を持ったヨットでは、ヒールしたときにラダーが空中に出て、舵が利かなくなってしまう。そこで艇体が傾いても舵利きを得るため、ツイン・ラダーを採用する。
→ヒール

ツー・ハーフヒッチ【two half-hitches】
ロープの結び方のひとつ。ハーフヒッチを2回行うもの。

ツー・ボート・チューン
【two boat tuning】
2艇の同型艇を用い、互いに走り比べながら性能をあげていくチューニング作業。風や波の条件で走りが大きく異なる同型のヨットに有効。ツー・ボート・テスト、ペア・チューンともいう。

ツーポン
メインセールの第二段階の縮帆。2ポイント・リーフ。
→リーフ

つなみ【津波、津浪】
地震などによる、海底の地形変動にともなう海面の盛り上がりが遠方まで伝わったもの。波長が非常に長いので、海上にいると気が付かない場合もあるが、沿岸部の水深が浅い場所に到達すると急に波高が増す。英語においてもツナミ（tsunami）。

つめ【詰め】
クローズホールドのシブい日本語。真上りをマッツメともいう。
→クローズホールド

て

ディー・アール【DR】
→デッド・レコニング

ティー・エー【TA】
→タイム・アロワンス

ディー・エス・キュー【DSQ】
ヨット・レースにおける、disqualifiedの略号。失格を意味する。

ディー・エヌ・エス【DNS】
ヨット・レースにおける、did not startの略号。スタート・ラインには来たがスタートしなかったことを意味する。

ディー・エヌ・エフ【DNF】
ヨット・レースにおける、did not finishの略号。フィニッシュしなかったことを意味する。

ディー・エヌ・シー【DNC】
ヨット・レースにおける、did not come to the starting areaの略号。スタート・エリアに来なかったことを意味する。

ディー・エフ【DF、direction finder】
方向探知器、または無線方向探知器（RDF：radio direction finder）。

指向性の高いアンテナを利用して電波を受信し、船位を測定する装置。GPSの普及にともない、最近はほとんど使われなくなった。略して方探（ほうたん）と呼ばれることが多い。

ティー・エム・エフ 【TMF】
→タイム・マルチプリケーション・ファクター

ティー・シー・エフ 【TCF】
　ヨット・レースで、ハンディキャップによる修正時間を求める際に使われる係数。タイム・コレクション・ファクター（time correction factor）の略。各ヨットの性能を表すレーティングを基に導き出された数値。TMFやTAなどシステムによって計算式や略号が異なっている。

ディー・シャックル 【D-shackle】
　D字形のシャックル。
→シャックル

ティー・ターミナル 【T-terminal】
　T字形の結合部を持つスウェージング・ターミナル。マストの穴に差し込み、ひねることによって結合させるもの。
→ターミナル

ディーゼル・エンジン 【diesel engine】
　シリンダー内の空気を高圧縮し、そこへ燃料を噴射して自然発火させる機関。構造が単純で壊れにくく、高回転には向かないがトルクがある。ガソリンよりも引火点が高い軽油を燃料とするので安全でもあり、ヨットのエンジンにはうってつけ。モーターボートも大型になるほどディーゼル機関が多く使われる。

ディープ・キール 【deep keel】
　フィン・キールに対し、船底中心部に沿ってなだらかなカーブで繋がった分厚いキール。ディープというが、フィン・キールより深いわけではない。ちょっと古めかしい船型。
→フィン・キール

ていきあつ 【低気圧】
　周囲より気圧の低い所。ここに周囲から空気が流れ込むと風になる。

ていしつ 【底質】
　海底の土質。泥（M）、砂（S）、岩（R）、貝（Sh）など、アンカーの利き具合に影響してくるので海図にも記載されている。

ていしん 【艇身】
　船の長さを基準に測る、長さや距離の目安。2艇身とはその船の全長の2倍の距離をいう。boat lengthからボートと略され、2艇身を2ボート（ツーボート）ということもある。

ディスプレースメント 【displacement】
　排水量。
→はいすいりょう、はいすいりょうがた

ディスマスト【dismast】

マストが折れたり倒れたりすること。筆者を含め、マストが死ぬからデス・マスト（death-mast）かと思っている人も多いようだが、そうではない。dis（失う）-mastである。クルージング艇では余程のこと（波に巻かれて完全に1回転してしまうとか、ものすごくマストの手入れが悪いとか）がない限りディスマストには至らないが、ランニング・バックステイ付きのレース艇では、その操作を誤ると簡単に折れる。一昔前は、大きなレースになるとたいてい誰かがマストを折っていたが、最近はリグ自体が頑丈になってきたせいか、レース中にマストが折れるというトラブルはあまりなくなった。

デイセーラー【daysailer】

日帰りのピクニック的セーリングを目的とし設計建造されたセールボート。ディンギーはもちろん、セーリング・クルーザーでもデイセーラーはある。モーターボートではピクニック・ボートということが多い。

ていたいぜんせん【停滞前線】

前線のひとつで、2つの気団の勢力が拮抗し、ほとんど同じ場所にとどまっているもの。
→ぜんせん、きだん

ていちあみ【定置網】

一定の水面に固定的に設置された漁網。略して「定置」ともいう。

ていちょう【艇長】
→スキッパー

ティッピー【tippy】

復原力が少ない、腰の弱い船。テンダー（tender）とも表現する。反対に、腰の強い船はスティフ（stiff）。
→ふくげんりょく

ディップ【dip】

ちょっと下げるような動作。ヨット・レースでディップといえば、行き合う相手艇を避けて船尾を通るためにわずかにバウダウンすること。海軍では表敬のために旗を下げてすぐ上げる場合に使うらしい。スピネーカー・ポールの先端を下げることもディップという。
→バウダウン

ディップポール・ジャイビング【dip-pole jibing】

ジャイビングの際に、スピネーカー・ポールのマスト側は固定したまま、先端を振り下ろして反対舷にポールを返す方式。ポールの先端がディップするから、こう呼ばれる。
→ディップ、エンド・トゥ・エンド・ジャイビング

ディバイダー【dividers】

海図の上で距離を測る道具。両端が針になったコンパス状のもの。

ティラー【tiller】

舵棒、舵柄（だへい、かじづか）。

舵軸上端、または舵の上端に取り付けられた長い棒で、ここを左右に動かすことで舵板（ラダー・ブレード）の角度も変わる。ホイール・ステアリングに対して、ティラー・ステアリングという。構造が単純で、ティラーを持ったままでの行動範囲が広くなるが、船が大きくなると操作が重くなる。

ティラー・エクステンション 【tiller extension】

ティラーの先端に取り付けた自在棒。より遠くからティラー操作ができるようになる。エクステンション自体が伸縮するテレスコピック・タイプもある。

デイ・ラン 【day's run】

1日に走る航程。通常、正午から正午までに走った距離をいう。
→こうてい

ディンギー 【dinghy】

小船全般の総称。中でもセーリングできるものがセーリング・ディンギーだが、日本では単にディンギーというとセーリング・ディンギーを指すことが多い。ディンギー・セーラーといえばセーリング・ディンギーに乗る人。レーシング・ディンギーといえばレース用のスポーティーなセーリング・ディンギー。セーリング艤装のないディンギーは、テンダー（足船の意）と呼び分けることが多い。

テークル 【tackle】

てこや滑車を利用した増力作用をパーチェス（purchase）といい、滑車を使った増力装置をテークルという。ラグビーのタックルと同じ綴りだが、海事用語ではテークルになる。理科の時間に習ったとおり、動滑車の数が増えると増力作用も倍増する。「パーチェスを増やす」というと、動滑車の数を増やすこと。
→パーチェス

テーパー 【taper】

しだいに太さが変わっていく形状。フラクショナル・リグのマスト先端はテーパーに加工されており、テーパー（ド）・マストと呼ばれる。テーパー（ド）・バテンといえば、先端部が薄くなっているもの。コントロール・ラインでもテーパー状に加工したものがある。
→フラクショナル・リグ、バテン

テーピング 【taping】

テープを巻き付けること。スポーツ選手は怪我防止に体をテーピングしているが、ヨットでは船の方にテーピングする。主に尖った部分で、セールや手を傷つけないようにする目的なので、過度のテーピングには意味がない。

テーラー 【tailer】
→テーリング

テーリング 【tailing】

ウインチに巻き付けたロープを引っ張る動作。引っ張る役のクルーをテーラー（tailer）、ウインチを巻くクルーをグラインダー(grinder)という。

テール【tail】

本来は尻尾という意味だが、ヨットではロープ・エンドをいう。ロープには両端あり、どちらもエンドだが、しかしそれだとロープの結び方などを説明する際に紛らわしい。筆者は、結び目の開始部分をエンド、長く余っている方の端をテールと呼び分けている。

テール・ロープ【tail rope】

ワイヤを用いたハリヤードでは、手にする部分はスプライスでロープをつないでいる。そうしなければ、手で引っ張ることが難しく、ウインチにも巻きにくい。そのロープ部分をテール・ロープ、あるいはロープ・テールという。

テクノラ【TECHNORA】

帝人が、独自の技術によって1987年に商業生産を開始したパラ型アラミド繊維。デュポン社のケブラーと同じ性質を持つ。通常のアラミド繊維は金色だが、黒いテクノラもある。セール・クロスにラミネートされた黒い繊維の多くはこれ。
→ブレード・ロープ、セール・クロス、ハイテクそざい

テザー【tether】

セーフティー・ハーネスと船体をつなぐ命綱。両端にスナップ・フックが付く。船体側はダブル・アクション、ハーネス側は船体が水没した際にすぐに切り離せるようにシングル・アクション（スナップ・シャックルなど）であることなどがISAF-SRで推奨されている。
→エス・アール

デッキ【deck】

→こうはん、フォアデッキ、サイドデッキ

デッキ・オーガナイザー
【deck organizer】

コクピットにリードされたハリヤード類を、左右のキャビントップ・ウインチにリードするための艤装品。状況によって、左右どちらのウインチでも巻き上げられるようにする。デッキ・オーガナイザーの船首側に取り付けたジャマーによって、数本のハリヤード類を左右2つのキャビントップ・ウインチでさばくことができる。

デッキ・レイアウト【deck layout】

デッキ形状と艤装品の配置図。デッキプラン。

デッド・スロー【dead slow】

極微速。エンジン回転を上げず、クラッチをつないだ程度の状態。極微速前進は「デッド・スロー・アヘ

ッド」だが、筆者は「デッスラヘ」という大型船船長を知っている。極微速後進は「デッド・スロー・アスターン」になる。

デッド・ラン

真追っ手。真後ろから風が吹いてくる状態。和製英語と思われる。

デッド・レコニング 【dead reckoning】

推測航法、推測位置。針路と航走距離から、船位を割り出す方法。デッド・レコ。DRまたはDRPと略記する。これに潮の影響などを考慮して導いた推定位置をEP（estimated position）として区別している。GPS使用禁止の外洋レースがあっても面白いと思う。

テトロン 【TETRON】

ポリエステル繊維の商標（帝人）。セールの素材に使われる。
→ポリエステル

デプス・サウンダー 【depth sounder】

音波（といっても音は聞こえない）の反射から水深を測る機械。音響測深儀。魚群探知機も同様の仕組みだが、魚群探知機はさらに連続的に海底の様子をモニターに映し出すので、釣りをしない場合にもこちらの方が便利。GPSと組み合わされたものもあり、価格も安価になってきている。

でふね（でぶね）【出船】

港口に船首を向けた状態で船を係留すること。
→いりふね

デュープレックス
【duplex communication】

送信と受信に異なる周波数を使うなどして、聞きながらでも話せる無線機。双方向通話。
→シンプレックス

デラミネーション 【delamination】

複合（コンポジット）材料などで、その積層面が剥離してしまうこと。サンドイッチ構造の心材とスキンの剥離。フィルムでラミネートしたセール・クロスでも剥離は起こる。デラミと略すことも。
→コンポジット、しんざい、スキン

デルタ・アンカー 【Delta anchor】

アンカーの商品名。CQRアンカーとブルース・アンカーの両方の長所を持つとされる。

テルテール 【telltale(s)】

風見。特に、ジブのラフに付けられた細いリボンを指すことが多い。この流れ方によってセール・トリムしたりヘルムをとったりする。

てん【点】

船乗り独特の角度の単位。360°を32等分した11.25°が1点（one point）。半端なようだが、90°は8点になる。プレジャーボートでは、

この単位を使う人はほとんどいないが、商船では現在も使われている。また、英語では風上に向かって針路を変えること（ラフィング）をポイント・アップ（point up）という。

てんきず【天気図】

気象情報が描かれた図。よく目にする地上天気図には、地表での気圧や風向、風力などが記されている。ラジオの気象通報から天気図を自筆するのが、もっとも原始的かつ基本の入手方法だが、最近ではインターネットでも入手できる。

でんしょく【電食、電触】

異種の金属が、溶液（海水）を通じて接するときに起きる電解現象。ヨットやボートの上の金属部品はほとんどが合金で、つまりそれ自身で異種の金属が接していることになる。電食を防ぐために用いるのが電食防止亜鉛。亜鉛が先に溶け出して必要部品を守るようになっている。
→あえん、アノード、イオンかけいこう

テンション [tension]

張力。ヨットでは、セールにもステイにもテンションがかかっており、その加減がボート・スピードに大きく影響する。ラフ・テンション、リーチ・テンション、あるいはバックステイ・テンションなど。乗り手のテンション（緊張）も重要な要素であるからして、ヨット・レースというものは、あらゆるテンションとの戦いだといえる。

テンション・ゲージ [tension gauge]

ワイヤのテンションを正確に測定する機械。これを使わないと、ブラブラ、ユルユル、ビンビン、キンキン、パンパンなどと、感覚的な言葉で表現することになる。セール・トリムやチューニングには再現性が必要なので、シュラウド・テンションなどは数字にして残しておきたい。
→テンション

テンダー [tender]

足船。沖がかりの船までの乗り降りなどに使う小舟。アメリカズ・カップに用いられるＡＣボートはエンジンを持たないので、大型の引き船でドック・アウトするが、それもテンダーと呼ばれる。そのあたりの言葉使いは曖昧である。また、復原力が小さい船（腰が弱い船）という意味もある。
→ディンギー、エー・シー・ボート、ドック・アウト

でんぱこうほう【電波航法】

電波を使って船位を求める方法。GPSのような衛星航法装置も、その範疇に入る。他に、地上波を使ったロランや、DFのように指向性の電波を使うものも電波航法に入る。
→ジー・ピー・エス、ロラン、ディー・エフ

てんもんこうほう【天文航法】
　太陽や星の高度を測って船位を求める技術。

と

とうあつせん【等圧線】
　天気図に記される気圧の等しい地点を結ぶ線。等圧線の間隔が狭いほど気圧の傾度が高いことを意味し、強い風が吹く。風向は等圧線に対して約20度の角度を持ち、北半球では左回りに気圧の低い方へ吹き込む。

どうさく【動索】
→ランニング・リギン

とうじんいかり【唐人錨】
　アンカーの一種。代表的な日本のアンカーで、唐人アンカーともいう。

とうしんせん【等深線】
　海図上に記された水深の等しい地点を繋げた線。

とうだいひょう【灯台表】
　灯台などの航路標識の位置や灯質がこまかく記された書誌。日本では海上保安庁が発行している。

とうちょく【当直】
→ウォッチ

とうふひょう【灯浮標】
　航路標識のひとつで、灯火を示す浮標。灯質は灯台表や海図に記されている。

→とうしつ、とうだいひょう

どうよう【動揺】
　船が揺れること。横揺れ（ローリング）、縦揺れ（ピッチング）、左右への振れ（ヨーイング）の3軸による揺れ。左右（スウェイング）、前後（サージング）、上下（ヒービング）の往復運動に分けられる。

トゥルー・ウインド【true wind】
　真の風。
→しんのかぜ

とおしボルト【通しボルト】
　艤装品の取り付けなどで、ボルトを貫通させて反対側からナットで留めるようにして使用するもの。木ねじ（タッピングビス）で留めることに対していう。

トー・ストラップ【toe strap(s)】
　ハイキング・ベルト。セーリング・ディンギーのコクピット内、船首尾方向に取り付けるベルト。乗員が舷外に体を張り出す足掛かり。

トーレール【toe-rail】
　ヨットで、ガンネルに沿って取り付けられた低いレール。ヒールしたときの足がかりや、工具などが滑って船から落ちないようになっている。ただし、レーシング・クルーザーではクルーがハイク・アウトする時に邪魔になるので、ISAF-SRで要求されるフォアデッキ以外には取り

付けないことも多い。
→ガンネル、エス・アール

どきょうふう【ド強風】
　日本のヨット乗りの、感覚的な風力階級。ビューフォート風力階級では、「強風」は風力7、風速28〜33ノット（14〜17m/s）。強風に「ド」が付くくらいだから、それ以上の風が「ド強風」かといえば、そうでもない。実際には風速20ノット（10m/s）あたりから強風と表現されることが多く、30ノット（15m/s）に達すればもう十分に「ド強風」のレベル。
→ビューフォートふうりょくかいきゅう

トグル【toggle】
　ターンバックルの下端に位置する継ぎ手で、自在に曲がるようになっている。
→ターンバックル

ドジャー【dodger】
　コンパニオン・ハッチ付近に取り付け、前方、あるいは左右方向からの風や波しぶきを防ぐカバー。ステンレスの骨組みにUVクロスなどかぶせる小型テントのようなもので、クルージングには極めて有用。キャノピー（canopy）、スプレー・フード（spray hood）など、呼称はやや曖昧。FRPやアクリル、木製などの硬質のものもあり、ハード・ドジャーとか、単にキャノピーと呼んだりもする。
→ユーブイ・クロス

ドック【dock】
　造船所、船渠。波止場、埠頭。係留場所を指すこともある。係船索をドック・ライン（dock line）、マリーナの浮き桟橋に置く物入れ用の箱をドック・ボックス、係船場所から出艇することをドック・アウト（dock out）、係船場所に入ることをドック・イン（dock in）という。

ドッグハウス【doghouse】
　デッキから盛り上がっているキャビンの天井部分。ただし、「それは日本での誤用である」と『ヨット、モーターボート用語集』は指摘している。正しくは、コーチルーフ、あるいはキャビントップ。ドッグハウスはキャビントップの後端が一段高くなっている部分をいう……らしい。しかし最近のセーリング・クルーザーではこの部分は出っ張っていないものが多く、米国の複数のヨット関係者に確認してみても「ドッグハウスでもいいんじゃないの？」ということだった。したがって、「デッキから盛り上がっているキャビンの天井部分がドッグハウス」というのは万国共通の慣用句になっているといえる。

ドッグ・ボーン【dog bone】
　犬がくわえた骨。最近のレース艇では、軽量化のため金属部品を使わ

ない傾向にある。デッキにブロックを取り付ける際も、デッキに開けた穴にスペクトラなどの丈夫なロープを輪にして通し、裏にプラスチックの短い棒を差し込んで抜けなくする、という極めて単純な取り付け方をするようになってきた。この棒をドック・ボーンという。なんというか、ロープと棒材が主流だった昔に戻った感じ。

ドック・ライン 【dock line】
係船索。
→けいせんさく

トッパー 【topper】
トッピング・リフトの略。
→トッピング・リフト

トッピング・リフト 【topping lift】
スピネーカー・ポールやブームを上方に引っ張る動索（ランニング・リギン）。実際には、セーリング・クルーザーでもレース艇にはブーム用のトッピング・リフトが付いていることは希なので、単にトッピング・リフトというとスピネーカー・ポール・トッピング・リフトを指す。縮めてトッパー、トッピングと呼ばれることの方が多いかも。

トップサイド 【topside(s)】
舷側。
→げんそく

トップヘビー 【top-heavy】
重心が高いこと。設計によって先天的にトップヘビーな場合もあるし、フライブリッジに人が大勢乗るなどしてトップヘビーになってしまうこともある。いずれにしても、シーワージネスに欠ける。
→シーワージネス

トップ・マーク 【top mark】
風上マークのこと。
→ボトム・マーク

とも 【艫】
船尾。
→スターン

ともづけ 【艫付け】
岸壁などに係留する際、船尾を岸壁に直角に付けて係留索をとり、船首を海側にしてアンカーやブイで固定する方法。艫（とも）付け。港口に船首を向けた状態で係留する「出船（でふね）」とは区別する。日本ではスターン・ツーともいわれるが、海外では「スターン・ファースト（stern first）」というのが一般的。
→やりづけ、でふね

トライアングル・コース
【triangle course】
風上、風下、そしてサイド・マークからなる三角形のコースを周回するヨット・レースのコース。風下のスタート・ライン→風上→サイド→風下→風上→風下→風上でフィニッシュするのが標準。かつてオリンピ

ックで採用されていたことから、オリンピック・コース、オリンピック・トライアングル、あるいは三角コースとも呼ばれる。風上からサイド・マークのレグで、コースの選択肢があまりなく面白みが少ないと評価されるようになり、現在はサイド・マークのないソーセージ・コースが主になっている。
→ソーセージ・コース、かざかみ、かざしも、サイド・マーク

ドライスーツ【drysuit】
　ウェットスーツが素肌とスーツの間に進入した水をなるべく逃がさないようにして保温するのに対し、こちらは水を内部に入れないようにして保温するもの。首や手首には柔らかいネオプレンゴムで防水し、防水ジッパーによって着脱する。ディンギー・セーラーの冬の必需品。
→ウェットスーツ

ドライブ（・モード）【drive (mode)】
　クローズホールドで、角度よりもスピードを重視して走ること。風に対して若干落とし気味に走る。正しくはフッティング（・モード）(footing (mode))だが、日本ではドライブの方が一般的。逆はピンチ。
→ピンチ

トライマラン【trimaran】
　三胴艇。双胴艇（カタマラン）も含め、多胴艇（マルチハル）ともいう。大洋レース用の大型トライマランは驚異的なスピードを持つ。狭い場所にも保管できるよう、左右のフロートを主船体に引き寄せることができる小型艇も量産されている。

トラック【track】
　トラベラー・カーやジブ・カーなどが稼動するレール。
→トラベラー、ジブシート・リーダー

トラピーズ【trapeze】
　セーリング・ディンギーで、乗員が舷外に出てヒールを抑える際に使用する吊り索。これにぶら下がることを「トラピージング」、「トラピーズに出る」という。これを接続するために体に装着するのが、トラピーズ・ハーネス。

ドラフト【draft, draught】
　1：設計図。図案。下書き。
　2：吃水。水面から、その船の最深部までの深さ。エア・ドラフトは、水面から最高部までの高さ。
　3：セールの深さ。コード長に対し、深さが何パーセントかという数値で表す。
→きっすい、コード

ドラフト・ポジション【draft position】
　セールのドラフト位置。セールを展開した時の断面で、最大ドラフトの位置が前から何パーセントの場所にあるかで表す。

トラベラー 【traveler (米), traveller (英)】

トラック（レール）に設置して移動させる台座。トラベラー・カーともいう。シートのリード角を調節するためのものだが、慣例的にメインシートを操作するメインシート・トラベラーを指すことが多い。
→メインシート・トラベラー

トラベルリフト
【travel-lift (英), traveling lift (米)】

ヨットやボートを吊り上げ、自走する門型の台車。陸置き式のマリーナよりも、修理ヤードでよく使われるようだ。商品名から、Travelift、Acme hoistなどと呼ばれることも。

トランサム 【transom】

船尾板。船尾のほぼ平らになっている部分。ヨットで、コクピットの床面がそのまま後ろまで筒抜けになって、トランサムがはっきりしないようなものをオープン・トランサムという。

トランサム・スターン 【transom stern】

トランサムを持った船尾。四角い船尾。

トランサム・ステップ 【transom step】

トランサム下部の外板を延長して、水面にごく近い足場を設けたもの。テンダーへの乗り降りや、海水浴などにも便利。
→スイミング・プラットフォーム

トランサム・ラダー 【transom rudder】

トランサムからキール後端に取り付けられた舵。クラシックなキールボートの代表的な舵配置。簡単な構造だが頑丈で、点検、修理にも便利。なお、トランサム付近に付く梯子は、スイミング・ラダー（swimming ladder）と呼び分けている。

トランジット 【transit】

陸上の固定された2つの物標が重なって見える線。見通し線。確実な位置の線となる。

トランスデューサー 【transducer】

本来はエネルギーの変換器をいい、たとえば音声を電気信号に変えるマイクロフォンであるとか、電力を回転運動に変えるモーターなどもトランスデューサーというようだ。ヨットやボートの上では、デプス・サウンダーや魚探の送受波器、スピードメーターのセンサーなどをトランスデューサーと呼ぶ。スピードメーターのセンサーは、小さなパドル・ホイールが回転して速力を関知するため、単にパドルと呼ばれることもある。パドル部が船底に出っ張るし、挿しっぱなしにしているとフジツボや蠣が付くので、使わない時には取り外すことが多い。

トランスポンダー 【transponder】

レーダー・トランスポンダー（radar transponder）。レーダー電波を受信すると、自動的に電波を送

り返して位置を知らせる装置。遭難時は、自艇の存在を相手に明確に知らせることができる。気合いの入ったレーダー・リフレクターともいえる。航路標識に設置されたトランスポンダーはレーコン（racon）と呼ばれる。
→レーダー・リフレクター

トリガー [trigger]
スピネーカー・ポール先端（パロット・ビーク）のピンを閉じるための引き金。アフターガイを押しつけると、パチンとピンが閉まる部分。うまく動作しないとイライラするが、マリーナに戻って修理しようとするスムースに動作したりする。
→スピネーカー・ポール、パロット・ビーク

とりかじ [取り舵]
左回頭をする操舵。ポート。「酉（とり）の刻（9時）への舵」、すなわち「酉舵」が語源とされる。「取り舵側」で左舷を意味することもある。ちょっとシブい呼称。
→おもかじ（スターボード）

トリッピング・ライン [tripping line]
アンカーやシー・アンカーを回収する際に用いる細いロープ。大型艇のスピネーカー回収の際にも用いるが、これはテイク・ダウン・ライン（take down line）が正しいらしい。……が、単に「ヒモ」と呼んでいたりする。

トリップ [trip]
スピネーカー・ジャイブの際に、スピネーカー・ポールをアフターガイから外すこと。その時の号令。

トリップ・コード [trip cord]
スピネーカー・ポール先端（パロット・ビーク）にあるピストンを開くための細いロープ。マスト側からも操作できるようになっている。
→スピネーカー・ポール、パロット・ビーク

ドリフター [drifter]
1：微風用のジブ。ウインド・シーカーとか、セールメーカー各社からいろいろな商品が開発され呼称もさまざま。
2：漂流者。放浪者。ドリフターズの語源。

ドリフティング [drifting]
釣りをするときなど、アンカリングせずに海上を漂うこと。

ドリフト・アングル [drift angle]
横流れ角。
→よこながれかく

トリマー [trimmer]
ヨットのポジションで、セールの調整を主に行う役目。セール・トリマー。ジブならジブ・トリマー、スピンはスピネーカー・トリマー、レース中にオーナーがハッピーでいられるようにオーナーの相手をする役

をご機嫌トリマーという。一般社会で「職業はトリマー」というと犬猫の理容師を指すから注意したい。

トリマラン【trimaran】
→トライマラン

トリム【trim】
1：調節。セール・トリムといえばセールの調節のこと。シート類を出したり引いたりすることだが、トリマーがグラインダーに対して「トリム！」と言ったら「シートを引き込みたいのでウインチを回してくれ」の意味になる。大きくスピンが潰れて、慌てて引き込みたい時は「ビッグ・トリム！」と叫ぶ。逆にシートを出す動作は「イーズ（ease）」。

2：船の（主に）前後方向の傾きのこと。釣り合い。船首が沈んでいるのは「バウ・トリム」、船尾が沈んでいるのは「スターン・トリム」、船首尾が同じなら「イーブン・トリム」という。

トリム・タブ【trim tab】
モーターボートでトリム・タブといえば、船底後端についた可動式の板で、これを上下して、走行中の船の前後の傾き（トリム）を調整するもの。ヨットでトリム・タブといえば、水面下の揚力を増すためにキール・ストラットの後縁についた可動式の板。が、ルールで禁止されていることが多いので特殊な艇種しか持たない。
→キール・ストラット

ドレイン・プラグ【drain plug】
排水口の栓。

ドレイン・ホール【drain hole】
排水口。

トレーラブル・ボート【trailable boat】
トレーラーで牽引して運搬できるように設計されたヨットやボート。

トレーリング・エッジ【trailing edge】
翼の後縁。キールやラダー、セールの後縁も含まれる。
→リーディング・エッジ、エントリー

ドローグ【drogue】
荒天時に使うもので、シー・アンカーは船首から流して風に立てるために使うが、ドローグは艇速を抑えるために船尾から流す抵抗物。シー・アンカーを使うかドローグを使うかは、船の性格や海の状況によって異なり、一概にはいえない。実際にその場に遭遇したとしても、かなりの修羅場であるために、どちらかひとつの方法しか試せず、それが良かったのか悪かったのかを確認しにくい。さまざまな事例が記された書籍はあるが、「このタイプの船で、こういう海象の時は何を何メートル流すべし」といった確立したノウハウはない。

→シー・アンカー、ピッチポール

トローリング【trolling】

走っている船からエサや疑似餌を付けた釣り針を流して釣る方法。曳き釣り。

トワイン【twine】

セールの修理やロープの端止めに用いる撚（よ）り糸。蝋を染みこませてあるものが多い。

トン・カップ・クラス【Ton cup class】

外洋レースにおけるIOR（International Offshore Rule）によるクラス分け。ミニトン（1/8トン、全長21ft前後）、クォータートン（1/4トン、全長26ft前後）、ハーフトン（1/2トン、全長30ft前後）、スリークォータートン（3/4トン、全長33ft前後）、ワントン（全長40ft前後）、ツートン（全長42ft前後）の6クラスがあった。ここでいうトンは重量や容積を示すものではなく、最初に行われたワントン・カップで採用された6メーター級のキール重量が1トンであったことに由来している。IORはすでに消滅しているため、現在はトン・カップ・クラスによる選手権は行われていない。
→アイ・オー・アール

トンすう【トン数】

容積を表すトン数と、重量を表すトン数がある。船体と上部構造物の総容積を表すのが総トン数。営業に使用できる（荷物を積む）部分の容積を示すのが純トン数。船の重さ（排水量）は排水トン数。何トンの荷物を積めるかという積載能力を表すものは、重量トン数という。
→そうとんすう

どんぶき【ドン吹き】

風が強いことをいう。強風。具体的には、アップウインドでは波をかぶってビショビショになり、ダウンウインドで走るのがちょっと恐くなり、レースでは何艇かがブローチングする状態だが、でも走れないことはない……くらいがドン吹きだと個人的には思う。
→どきょうふう

な

ナイト【night】

夜間航海（night sailing）の略語。「ナイトやったことある？」というのは、「夜間航海の経験はありますか？」の意。

ないねんきかん【内燃機関】

蒸気機関に対して、シリンダー内部で燃料を燃やして動力を得る機関。簡単にいえばガソリン・エンジンやディーゼル・エンジンのこと。

ナイロン【nylon】

ポリアミド系合成樹脂。ここから造った繊維でロープやセール・クロスに、あるいはクリートなどの成型品になったりもする。

なぎ [凪]

まったく風がない状態。カーム（calm）。「ないだ」、「なぐ」、「なぎる」といった使い方をする。

ナックル [knuckle]

本来は関節とかゲンコツのことだが、バウ・ナックルといえば、船首付近のステムから船底にかけて強く曲がっている部分のこと。

ななひゃくにじゅうど [720度]

ヨット・レースにおいて、失格に変わる罰則として720度の回転をするように規定されることが多い。単に「720度」または「セブン・トゥエンティ（seven twenty）」といえば、このペナルティーを履行することをさす。2005年度発行のRRS（セーリング競技規則）から、「two-turns penalty（2回転のペナルティー）」という表現になったが、いまだに720度といってしまうことも多い。

→アール・アール・エス

ナビゲーション [navigation]

航海術。正しい船位を求めることを基本として、船を安全に目的地まで導く技術と知識をいう。

→せんい

ナビゲーター [navigator]

航海術を担当する乗員。ヨット・レースでは、常に船位を把握し、マークやレイラインまでの距離を戦術担当者やヘルムスマンに伝える役割を担うクルーのこと。

→マーク、レイライン

なみ [波]

風が吹き渡ることによって起きる水面の動揺。風によって乱された水が、もとの水平面の状態に戻ろうとして起きる上下運動で、風がより強く、長時間、長距離に渡って吹き渡るほど波は大きくなる。海の世界では、はるか彼方で吹いた強風によって起こされた波が伝わってできたうねりとは明確に区別されるが、うねりが海岸付近で砕けたものは波と呼ばれるので、天気予報などではややこしいことになる。

→うねり

なみかじ [波舵]

後進するヨットで舵を切り、セールに風を入れること。ヨットが完全に止まってしまった場合に用いる。

ナンバースリー・ジブ [ナンバー3 jib]

オーバーラップのない、いわゆるレギュラー・ジブ・サイズを指す。ヘッドセールは、通常、一番大きなジェノアをナンバー1、次に大きなものをナンバー2、その次がナンバー3と呼ぶ。しかしナンバー1には、ライト、ミディアム、ヘビーとあり、さらにはミディアム／ライトとか、ミディアム／ヘビーといったその中間があったりする。しかも、ナンバー2は持たず、ナンバー1ヘビーの次

がナンバー3だったりする艇もある。おまけに最近のワンデザイン艇では、一番大きなヘッドセールがレギュラー・ジブ・サイズであったり、もうワケが分からなくなってきている。そこで、一番軽風用のセールからコード1、コード2、コード3と呼ぶこともある。
→レギュラー・ジブ、ジブ

に

ニコプレス【Nicopress】

圧着スリーブの通称。商品名。しかし、本来の発音はナイコプレスって感じ。

にほんこがたせんぱくけんさきこう【日本小型船舶検査機構】

小型船舶の船検と登録を実施する、国の代行機関。JCI。
→こがたせんぱく、せんけん

にほんセーリングれんめい【日本セーリング連盟】

国際セーリング連盟（ISAF）に加盟し、日本でのセーリング競技を統括する団体。1999年にセーリング・ディンギーを統括する（財）日本ヨット協会と、外洋ヨットを統括する（社）日本外洋帆走協会が合併して誕生した財団法人。Japan Sailing Federation：JSAF（ジェイサフ）。

にほんひょうじゅんじ【日本標準時】

日本で用いられる、東経135度を基準とした標準時。世界時＋9時間。Japan standard time：JST。
→ジー・エム・ティー

にんそく【人足】

外洋レーサーで、主に力仕事に従事するクルーのこと。ヨット技術よりも体力自慢のクルーを人足系という。雑用係とか使いっ走り、あるいは人数合わせなどというネガティブな意味合いで使われることもあり。

ね

ネオプレン【NEOPRENE】

クロロプレン（chloroprene）ゴムの商品名だが、いわゆる合成ゴムをネオプレンと呼ばれることもある。ウェットスーツの材料によく用いられる素材。

ねずみよけ【ネズミ除け】

係留索を伝って船内に入るネズミを防ぐための円盤。一般商船に使われるものだが、プレジャーボートでもネズミの被害にあったという話も聞く。係留場所によっては有効かも。英語では、そのままラット・ガード（rat guard）という。

ねったいていきあつ【熱帯低気圧】

熱帯で発生した低気圧。発生地域によって、台風、ハリケーン、サイクロンなどと呼び分けられる。前線をともなわず、同心円に近い渦状になり、中心付近の気圧が急激に低下しているのが特徴。

→たいふう

ねんりょうふんしゃべん 【燃料噴射弁】

ディーゼル・エンジンで、燃料を噴射する弁。ガソリン機関では燃料と空気を混合したものを点火プラグで引火させるが、ディーゼルは高圧縮して高温になったところに燃料を噴射することで自然発火させる。そのためのポンプが燃料噴射ポンプで、出口が燃料噴射弁。
→ディーゼル・エンジン

の

ノーズ・ダイブ 【nose dive】

バウ沈（ちん）のこと。ボリング（boring）ともいう。
→ちん

ノーメックス 【NOMEX】

デュポン社のアラミド繊維の商品。ケブラーやテクノーラがパラ系アラミド繊維であるのに対し、こちらはメタ系アラミド繊維。同様のものが、帝人からもコーネックスの商標で出ている。耐熱性が非常に高く、消防服やカーテンなどに用いることが多いようだが、ヨットでは大型艇のランナー・テールや、ジブシートなど、ウインチとの摩擦が強い部分に使うロープの外皮にテクノーラと混ぜて用いた商品（HRC：Heat-Resistant Cover）などが出ている。
→ブレード・ロープ、コンポジット、ハイテクそざい

ノックダウン 【knockdown】

ヨットが突風などで真横に吹き倒されること。マストが水中に没するキャプサイズ（capsize）の状態を指すこともあるようだ。このあたりの使い分けは明確になっていない。

ノット 【knot】

1：結び目。
2：速力を表す単位。1時間に1海里（マイル）進む速度をいう。記号はktまたはkn。

のぼり 【上り】

風上に向かって走る、クローズホールドのこと。タッキングを繰り返しながら風上を目指すことを真上りともいう。また、その性能を上り性能といい、ヨットの性能の大きなポイントとなる。
→アップウインド

のぼる 【上る】

ヨットが風上方向へコースを変えること。ラフ、ラフィング、バウアップ、ポイント・アップ、セール・アップ、あるいはセールを絞り込んでいく様子からスクイーズ（squeeze）ともいう。
→おとす

のりあげ 【乗り揚げ、乗り上げ】
→ざしょう

ノンスリップ・ペイント 【non-slip paint】

滑り止め塗装。セーリング・クル

ーザーのデッキの滑り止めには、大きく分けて3種類ある。大量生産するプロダクション・ボートでは、デッキの型（モールド）にあらかじめ施されたノンスリップ・パターンによるものが多い。後は型から抜くだけでいいので手間いらず。もうひとつは、平らな表面にノンスリップ・デッキ・ペイントを塗る方法。こちらは、古くなった時に塗り直すことができる。3つ目はチークの薄板を貼り付けたもの。
→プロダクション・ボート

は

バージー [burgee]
マストヘッドに掲げる、長い三角形、または先が燕尾形になった旗。ヨット・クラブの旗などがある。

バース [berth]
1：船の係留場所。
2：船内の寝床。バンク、ボンク（bunk）。

パーソナル・フローテーション・デバイス [personal floatation device]
→ピー・エフ・ディー

パーチェス [purchase]
てこや滑車を利用して増力する装置。滑車（ブロック）とロープを利用したテークル（tackle）など。「パーチェスを増やす」というと、ブロックを増やして、よりパワフルにすること。
→テークル

ハード・ボトム [hard bottom]
FRP、アルミなどの硬いボトム（船底）を持つインフレータブル・ボート。
→インフレータブル・ボート

ハーネス [harness]
適当な日本語訳はないが、あえていうなら「装着帯」。落水防止のためのセーフティー・ハーネス、トラピーズ用のトラピーズ・ハーネス、バウマンがマストに登る時のために身につける登山用のクライミング・ハーネスなど。それぞれ、単に「ハーネス」ということも多い。また電気設備で多くの端子がまとめてあるものもハーネスという。
→トラピーズ、バウマン

バーバー・ホーラー [barber hauler]
ジブシートのリード角を調整するための艤装。カリフォルニアのバーバーさんの名からとったものだという。

ハーバーマスター
[harbormaster (米), harbourmaster (英)]
マリーナやヨット・ハーバーの責任者。

ハーフ・モデル [half model]
船体の右半分のみの小型模型。

ハーフヒッチ [half-hitch]

結びのひとつ。2度くりかえすとツー・ハーフヒッチ。単純な結びだが、よく使う。

パーマネント・バックステイ
[permanent backstay]

マストを後ろ方向に支えるのがバックステイ。中でも、マスト中間部から伸びるランニング・バックステイに対し、マストヘッド部から後ろへ伸びるものをパーマネント・バックステイという。単にバックステイ、あるいはパーマネントと呼ばれる。
→ランニング・バックステイ

パーム [palm]

セール針を使う時に、手に装着する革製ガード。

バイ・ザ・リー [by the lee]

多くのヨットでは、メインセールのブームは90度までは開かない。サイドステイが邪魔するからだ。その状態で真後ろから風を受けると、風はリーチからラフに向かって流れているはずである。これがバイ・ザ・リーの状態。ここから予期せぬジャイビング（ワイルド・ジャイブ）を起こすのを恐れる人が多いが、強風下にはなかなかメインセールは返らないものである。かえって軽風下に波で揺られてブームが返ることの方が多い。とはいえ、強風下でワイルド・ジャイブするとダメージは相当大きくなるので注意が必要だ。

ハイク・アウト [hike out]

デッキ・サイドから身を乗り出し、クルーの体重で船のヒールを押さえること。セーリング・ディンギーでは、尻を舷外に出して、大きくのけぞる。英国では、そのままシット・アウト（sit out）という。セーリング・クルーザーでは、下腹部分をライフラインの下段に当てて足と上体を舷外に出して体重をかける。デッキと船体の境目を「レール」と呼び、「レールに座る」という表現をすることもある。

はいすいりょう【排水量】

船が押しのける水の量。であるから、アルキメデスの原理から、船の重量になる。重量の単位（トンやキログラム）で表す。

はいすいりょうがた【排水量型】

走行中に滑走することなく、常に船の重量が浮力のみで支えられる船型。
→プレーニング

はいすいりょうながさひ【排水量長さ比】

船の長さに対する重さを表す。

ハイテクそざい【ハイテク素材】

近代的な材質。単一素材ではなく、複合して用いていることが多い。特にヨットは、あらゆる部品の組み合わせであり、ユーザーが個々を選んで練り上げていく乗り物である。それぞれの材質の特徴を知った上で、

自ら選ばなければならないのが難しいところであり、面白いところでもある。
→カーボン・ファイバー、テクノーラ、ケブラー、スペクトラ、ノーメックス、ベクトラン、ダイニーマ、ピー・ビー・オー、ペンテックス

バイト [bight]
ロープをU字型にとること。片方を放して、片方を引けばすべてが手元に戻る。係留索を解く時に有効で、「バイトに取る」とか、「行ってこい」ともいう。

パイプ・バース [pipe berth]
パイプと布地からなる寝床。軽量化のために設けられたのだが、ヒール角に合わせて角度を変えられたりするので、寝心地は悪くない。パイプ・コット（pipe cot）ともいう。

ハイヤー [higher]
他艇に比べて上り角度がいいこと。低ければロワー（lower）。艇速のファスター（faster）、スロワー（slower）と合わせ、高さとスピード、2つの要素で性能（走り）を比べる時のコール。目指せ、ハイヤー&ファスター！

パイロット・チャート [pilot chart]
大洋航海の時期やルートを検討するために有用な海図。パイロット・ブックといえば同様にルーティングに必要な情報を掲載する水路誌。

パイロット・バース [pilot berth]
セティー・バースの上に設けられた寝床。多くは転げ落ちないようにリー・クロスが備え付けられている。最近のヨットではあまり見ないが、使い勝手はいい。
→セティー・バース、リー・クロス

パイロットハウス [pilothouse]
モーター・セーラーによく見られる操舵室。簡単な椅子やテーブルがついていることもある。
→モーター・セーラー

バウ [bow]
船首。船首部一帯。バウの最先端がステム。バウにあるハッチはバウ・ハッチ。船首部のデッキはバウデッキ、あるいはフォアデッキという。バウで作業を行うクルーはバウマンあるいはフォアデッキ・マン。バウマンの仕事はバウ・ワークだ。

バウアップ [bow-up]
この場合のアップは、風上へという意。すなわち船首を風上にむけて、方向転換すること。
→バウダウン

バウスプリット [bowsprit]
船首部に突き出た頑丈なスパー。本来はボースプリットと発音する。ここからステイを取れば、より大きなセールが展開できる。ルールの制限があるので、一般的なレース艇ではあまり装備していない。最近のス

ポーティーなレース艇では、伸縮可能なポールをステム・ヘッドから突き出す方式の、いわゆるバウ・ポールをよく見るようになった。
→バウ・ポール

バウ・スラスター [bow thruster]

狭い港内などで、左右への回頭を容易にするための装置。船首水面下に横向きに配したプロペラをモーターで駆動する。1軸のモーターボートや大型のセーリング・クルーザーではかなり便利。サイド・スラスターということもある。船尾にも備え付ける場合があり、その場合はスターン・スラスターという。

バウダウン [bow-down]

船首を風下側に向けること。ジャイビングの時など、ヘルムスマンは舵を切り始めたら「バウダウン」とコールし、クルーにアクションが始まったことを教えよう。逆に、クルーが前方にタコツボなどの障害物を発見した時は、バウダウンとかバウアップとか、具体的に避けるためのコースをヘルムスマンに教えよう。
→バウアップ

バウちん [バウ沈]

船首から前のめりに転覆すること。転覆しなくても、船首部が大きく波にのまれただけでもこういう状態になることがある。
→ちん

バウ・ツー [bow to]

→やりづけ

バウ・トリム [trim by the bow]

船首が沈んでいる状態。反対はスターン・トリム。前後が同じ状態はイーブン・トリムという。

バウ・ポール [bow pole]

ジェネカーを展開するために、バウから突き出すポール。ここにジェネカーのタックを取る。ポール・セットやジャイビングが楽なので、バウマン不足に悩んでいるチームには良いシステムである。固定式のものもあれば、格納できるものもある。
→ジェネカー

バウマン [bowman]

セーリング・クルーザーのポジションのひとつで、ヘッドセール、スピネーカー・ポールのセットや回収など、主にバウのデッキ作業を行うクルー。

パウル [pawl]

ウインチ内部にある逆転防止のツメ。小さなスプリング（パウル・スプリング）とともに、重要な部品だ。要チェック。レース艇では、予備は必需。

バウンス [bounce]

体全体を使って、マスト部分でハリヤードなどを引く動作。

バキュームバッグ【vacuum-bag】

FRPの工法のひとつに硬化時に圧力をかける方法があり、その際に用いられるビニールなどでできたシート。ポンプでシート下の空気を吸引し、大気圧をかけることで接着を確実なものにする。
→エフ・アール・ピー

はくめい【薄明】

日出前、日没後の薄明かりの状態。トワイライト（twilight）。ロマンチックな時間帯であるが、天測者にとっては星明かりと地平線の両方が見える絶好の時間なので、ウキウキしている場合ではない。

はくり【剥離】
→デラミネーション

はこう【波高】

波の山から谷までの高さ。波はとても複雑なので、実際のところ海の上にいると波高は分かりにくい。またその高低よりも、大きな三角波のように険しい波の方が気になることが多い。
→さんかくなみ

はしどめ【端止め】

ロープの端がほつれないように処理すること。単に熱処理するだけの簡易なものから、メッセンジャー・ラインなどを結べるように小さな輪を作るものまで、ロープの種類によっても処理の仕方はさまざま。

はちのじむすび【8の字結び】

結びのひとつ。ロープのテールに節を作り、ブロックなどから抜け出さないようにする結び。エイト・ノット、フィギュア・エイト・ノット。

はちぶんのななリグ【7/8 rig】

フラクショナル・リグのバリエーションのひとつで、I（アイ）ポイントがより上（マストの7/8付近）に付いているもの。最近のクルーザーレーサーに多い。
→フラクショナル・リグ、クルーザーレーサー

はちゅうりょく【把駐力】

アンカーが、船をとどめる力。アンカーの種類、底質、海底に横たわるチェーンの長さ、スコープによって異なる。保持力ともいう。
→アンカー、ていしつ、スコープ、

はちょう【波長】

波の山から山までの長さ。電波においては波長とは別に、1秒間に繰り返される波の数を周波数として表現し、波長が長い＝周波数が低い、波長が短い＝周波数が高い、ということになる。

バッキング・プレート【backing plate】
→あていた

パック【pack】

広い意味の言葉だが、ヨットの上でパックといえば、スピネーカーや

ジブをバッグにしまうこと。スピン・パック、パッキングなどという。
→ヤーン

バックウインド【backwind】
裏風。セールの裏側（風下側）から入る風。上りすぎればジブにバックウインドが入る。またジブの後流がメインセールに当たるのもバックウインドという。先行艇の悪い風（シット・エア）をバックウインドということもある。

バックステイ【backstay】
マストを後方から支えるステイの総称。
→パーマネント・バックステイ、ランニング・バックステイ、チェックステイ

バックステイ・アジャスター
【backstay adjuster】
パーマネント・バックステイのテンションを調節する装備。テークル、油圧、ネジなど調整方法はさまざま。

バッスル【bustle】
キールとラダー間の船底部に設けた膨らみ。造波抵抗の減少に役立つとされたアイデアだったようだが、最近はほとんど見かけない。

ハッチ【hatch】
採光、通風のために開け閉めできる開口部。物や人の出入りに用いる場合もある。フォアデッキにあるハッチはバウ・ハッチという。

パッチ【patch】
1：セールなどで力がかかる部分や、スプレッダーなどに当たる部分の補強材。

2：そこだけ風が強い小エリア。ライト・パッチ（light patch）というと、わずかに風が強い海面を指し、パッチー（patchy）というと風が不規則になっている海面をいう。

ハッチ・ホイスト【hatch hoist】
バウ・ハッチ（あるいはコンパニオンウェイ・ハッチ）からスピンを展開する方法。

ハッチ・ボード【hatch board】
→ウォッシュボード

バッテリー・アイソレーター
【battery isolator】
→アイソレーター

パッド・アイ【pad eye】
アイ（輪や穴）の中でも、U字の金属製のアイが頑丈な金属の台座に付いているもの。ボルトナットで固定すれば、さらにガッチリする。アイ・プレートともいう。

バットカー【Battcar】
メインセールのラフをマストに装着する際に用いられるスライダーの商品名（ハーケン）。ベアリング入りで、動きがきわめて軽快。特にフルバテンセールで有効。一般名称はラフ・スライダーだが、他社製品も

このように呼んでしまうことが多い。カーをトラックから外すのが容易ではないので、ストーム・トライスルの展開方法を考えておく必要がある。

ばていけいぶい [馬蹄形ブイ]
U字型をした救命浮環。馬蹄形救命浮環ともいう。
→きゅうめいふかん

バテン [batten]
1：セールの形状を整えるための板。セールのリーチ側に設けられているバテン・ポケットに差し込む。薄く、細長いもので、材質はFRPなどさまざま。リーチからラフに至るセール全幅にわたるバテンを、特にフル・バテンという。
2：薄く長細い板。

バテン・ポケット [batten pocket]
バテンを挿入するためにセールに設けられたポケット。ポケット出入口の留め方にはいろいろなタイプがある。
→バテン

パテント・ログ [patent log]
細長い羽根車を長いラインで船尾に流し、羽根車の回転から航走距離を示す計器。大航海時代には、正確な時計とともに、今のGPSに匹敵するほど重要なものであった。現在、セールボートでは船底部から突出するパドル・ホイール式スピードメーターがそれに代わっている。

パドリング [paddling]
→パドル

パドル [paddle]
船を漕ぐための櫂（かい）。支点を持たず、両手で握るのが特徴。対して、支点を持つものはオールという。パドルを漕ぐ動作がパドリング（paddling）だ。

パドル・ホイール [paddle wheel]
外輪、外車。外輪船に用いられる、推進用の水かき車。ヨットの船底に取り付ける水車形状の速度センサーもパドル・ホイールと呼ぶ。

ハニカム [honeycomb]
アルミニウムやアラミド樹脂を蜂巣状のにした部材のこと。これだけではスカスカのヘナチョコだが、これを心材（コア）としてカーボン・プリプレグなどのスキンで覆い固めれば、軽くて硬い複合材になる。ただし穴が開くと、コアはスカスカのヘナチョコであるから、外洋を乗り切れるかどうかは定かではない。
→しんざい、プリプレグ

パネル・セール [panel sail]
セール・クロスを縫い合わせ、あるいは張り合わせて作るセール。モールド・セールに対する分類。
→モールド・セール

パフ【puff】

周りより強く吹く風。ガスト。たとえば「パフ、スリー（ボート）！」というコールは、あと3艇身でパフが船に届くの意。船に達したら「パフ・オン・バウ」。が、結構いろいろな外国人と一緒にレースに出たが、「シュート（shoot）」という方が多かった。

パフォーマンス・カーブ・スコアリング
【performance curve scoring】

PCS。IMSでの時間修正（スコアリング）のひとつの方法。風速や風向によって差が出る、個々の艇の性格を評価するスコアリング方式。解釈が複雑なところが難点。シングル・ナンバーによるレーティング計算は電卓があれば可能だが、こちらは専用ソフトを入れたコンピューターがないと計算できない。
→アイ・エム・エス、インプライド・ウインド

パフォーマンス・ハンディキャップ・レーシング・フリート
【performance handicap racing fleet, PHRF】
→ピー・エイチ・アール・エフ

パフォーマンス・ライン・スコアリング
【performance line scoring】

PLS。IMSにおけるパフォーマンス・カーブ・スコアリングを応用し、簡易に計算できるようにしたもの。2つの係数を用い、タイム・オン・タイムとタイム・オン・ディスタンス両方の要素が入る。

バミューダ・リグ
【bermudan rig, bermuda rig】

マルコーニ・リグの別名。
→マルコーニ・リグ

ばらうち【ばら打ち】

船内の内張で、幅の狭い板を間をあけて並べて貼り付けるもの。ばら打ち張りとも。

パラシュート・フレア【parachute flare】
→しんごうこうえん

バラスト【ballast】

船に積む重り。ヨットのバラスト・キールといえば、鉛や鉄でできたキールのこと。インサイド・バラストといえば、船底部に固定した鉛のこと。また最近では舷側に設けたタンクに海水を入れるウォーター・バラストを装備するヨットもある。

バラスト・キール【ballast keel】
→バラスト

バラスト・レシオ【ballast ratio】

バラスト重量と排水量との比。ただし排水量の基準が統一されておらず、同じバラスト重量でも、インサイド・バラストと長いキース・ストラット下に付いたバルブとでは効果が大きく異なるので、単に重さを比べてもあまり意味がない。そうしたことから、量産艇のカタログに記さ

れたバラスト・レシオは、同形状、同一基準でない限り、単純に数字で比較判断できない。

ハリケーン [hurricane]
北大西洋と南太平洋で発生する熱帯低気圧の呼び名。
→熱帯低気圧

ハリヤード [halyard, halliard]
セール（あるいはスパーや旗など）を引き上げるために、マスト上部から伸びる索具。レーシング艇の場合、今は大型艇でもケブラーやスペクトラなどの化学繊維が用いられ、ワイヤはほとんど使われていない。用途によって、ジブ・ハリヤード、メン・ハリヤードなどと呼び分ける。それぞれジブ・ハリ、メン・ハリと略す。最近の艤装ではジブ・ハリ、スピン・ハリの区別はなく、センター・ハリと左右のウイング・ハリ（それぞれをポート・ハリ、スターボ・ハリという）の3本を状況に応じてジブ・ハリ、スピン・ハリ、時にはトッピング・リフトに使う。
→ウイング・ハリヤード

ハリヤード・ウインチ [halyard winch]
ハリヤードの巻き上げに用いるウインチ。マストに直接取り付けられたものは、まさしくハリヤード専用になるが、キャビントップに備えたものはスピンシートにも使う。よって、キャビントップ・ウインチと呼ぶことが多い。

ハリヤード・ロック [halyard lock]
マストヘッドでハリヤードを固定する装備。セールのラフ・テンションはタック側を下に引いて調整する。ハリヤードを細くでき、なおかつハリヤードの伸びもないのでトリムは楽になる。引き直すとロックが解除されるもの、トリガーを引いて解除するものなどがある。ルールで使用が禁止されている場合もある。

ハル [hull]
船体、または船殻。
→せんこく

バルクヘッド [bulkhead]
隔壁。仕切りの役目と、強度を保つ役目がある。横方向はもちろん、縦方向に仕切る隔壁もバルクヘッドである。

バルクヘッド・コンパス [bulkhead compass]
コクピット前端の壁（バルクヘッド）にはめ込まれたコンパス。
→コンパス

バルサ [balsa]
軽量の木材。ヨット、ボートでは、サンドイッチ構造の心材（コア）に使われることがある。
→サンドイッチこうぞう、しんざい

ハル・スピード [hull speed]
水を押しのけて走る船は、その水線長によって最大スピードが決ま

る。その最大スピードをハル・スピードという。これを超えると急激に造波抵抗が増える。ハル・スピードは、1.40〜1.45×√水線長（ft）。これを超えるだけのパワーがあれば、滑走（プレーニング）に入る。

パルピット【pulpit】

パイプでできた頑丈な手すり。船首にあるのがバウ・パルピット。船尾にあるのがスターン・パルピットだが、こちらはpullに対してプッシュピット（pushpit）ともいう。

バルブ・キール【bulb keel】

フィン・キールの下端に鉛の塊（キール・バルブ）を設けて重心を下げるように工夫されたもの。バルブ自体は砲弾型のみならず、扁平したものなどいろいろな形がある。

ハル・ライナー【hull liner】

インナー・ハルのこと。
→インナー・ハル

パロット・ビーク【parrot beak】

スピネーカー・ポールのエンドに取り付けられたオウムのくちばし状の金具。「ピーク（peak）」と勘違いしている人が多いが「ビーク（beak）」が正解。ただし『The Sailing Dictionary』にはparrot beakなんて載っていない。海外の通販カタログでは「ピストン・エンド・フィッティング（piston end fitting）」となる。

→ジョー

バロメーター【barometer】

気圧計。気圧の上がり下がりから、低気圧が近づいているのか、遠ざかっているのかが分かる。またその下がり具合が著しい時ほど、風が強く吹くことが予想できる。情報の多い昨今だが、天気予報などのデータがまったく入手できない非常時には、ものすごく心強かったりする。ぜひとも備え付けておきたい計器のひとつ。

パワーボート【powerboat】

モーターボート（motorboat）のこと。セールボートに対して、こう呼ぶことがある。

ハンギング・ラダー【hanging rudder】

→スペード・ラダー

ハンギング・ロッカー【hanging locker】

ハンガーに掛けた衣類を吊すための物入れ。

ハンク（ス）【hank(s)】

ヘッドセールのラフを、フォアステイに止めるためのスナップ。ヘッドフォイルを持たない艇はこれを使う。ハンク（ス）はセール側に付いているので、ハンク仕様のヘッドセールはヘッドフォイルには展開できないし、フォイル仕様のセールはヘッドフォイルが付いていないと展開できない。ハンクスは複数形で、1

つならハンクであるが、たとえば船具屋で1つ買う時でも「ハンクください」ではなく、「ハンクス1個ください」といわないと通じない。もちろん日本語には複数形というのはないので、100個でもシャックルスではなくシャックルなわけで、ハンクはいくつあってもハンクなのだろうが、日本では「ハンクス」として定着している。
→ヘッドセール、ヘッドフォイル

バンク【bunk】

船の寝台。寝床。日本ではボンクと訛ることが多い。

バング【vang】

ブーム・バングの略称。
→ブーム・バング

バンス【bounce】

→バウンス

はんそうけいすう【帆装係数】

ヨットの重さあたりのセール面積。次元はいろいろあるようだが、『ヨット、モーターボート用語辞典』では、帆装係数＝帆面積(m^2)／［排水量(m^3)］$^{2/3}$　という式が紹介されている。数字が大きい方が、重さのわりにセール面積が大きくパワフルなヨットといえる。

はんそうしじしょ【帆走指示書】

レース実施にあたり、レースの開催方法、スタート時刻、スタート／フィニッシュの方法、レース・コース、適用ルール、特別ルール、得点計算方法、表彰など、さまざまな必要事項を記した指示書。熟読すべきもの。

パンチング【panting】

船体がピッチング（縦揺れ）によって船が波に叩きつけられること（punching）なのかと思っていたが、pant（あえぐ、息を切らす）のpantingである。波の衝撃によって、船首付近の外板が凹凸を繰り返すことなのだそうだ。船首が波に突っ込むときの衝撃はパウンディング（pounding）、そのなかでも、特に激しいものをスラミング（slamming）という。

ハンディキャップ【handicap】

ヨット競技においては、異なる艇種間で順位を競うために科す負担条件。さまざまなシステムが考えられ使われてきたが、ヨットの性能というのは簡単には計れるものでもないので、決定打はなかなかない。

はんてんほうい【反転方位】

反対側（後ろ）の方位。90度の反転方位は270度。単純な足し算、引き算のはずだが、戸惑うこと多し。で、必要なことも多い。

ハンドベアリング・コンパス
【hand-bearing compass】

物標の方位（bearing）を測る時

に用いる手持ちコンパス。位置の線を求めたり、衝突コースを確認するときなどに使う。

ハンド・レイアップ【hand lay-up】

FRPでガラス繊維の基材などを積層する際に、手作業で行うこと。意外と手間がかかる作業。

ハンドレール【handrail】

手すり。揺れ動く船上または船内で、体を支えるためのもの。ISAF-SRでも規定されている。
→エス・アール

ハンド・レッド【hand lead】

ロープの先に重りがついた測深具。手用測鉛。下端の窪みにグリスを詰め、底質をチェックするタイプもある。原始的なようだが、デプス・メーターは取り付け位置によって数値が変わるので、港内などの浅場ではこちらの方が正確。それを基準にしてデプス・メーターの数値も補正できる。

パンパン【pan-pan】

緊急呼出。国際的に取り決められた無線電話の緊急信号発信時の呼び出し。遭難呼出である「メーデー」に次ぐ優先順位を持ち、他の通話は中断しなくてはならない。落水者が発生したときなどに使われる。
→そうなんつうしん

パンピング【pumping】

セールを急激に引き込むことによって、加速させる動作。パンプともいう。ウチワで仰ぐ要領だ。微風時にパンピングを繰り返せば船は結構進む。しかし、それをルールで規制しないと、いったい何の競技だか分からなくなってしまう。今のルールでは波に乗せる（サーフィンさせる）目的で、1波1回までのパンピングが許されている。審判はきっちり見ているので、ズルをしてはならない。メインセールのみならず、強風下ではスピネーカーもパンピングして波に乗せる。乗り手側からすれば非常に疲れるので、ぜひ禁止してもらいたい。

パンプ【pump】

パンピング、またはパンピングを縮めたかけ声。「パ〜ンプ！」。
→パンピング

はんりゅう【反流】

海流や潮流には、その周辺に主流とは反対の流れが存在することが多い。それが反流。潮の強い海面で「岸に突っ込む」、「岸ベタを攻める」なんいう作戦は、たいてい反流に乗るのが目当て。

ひ

ピア【pier】

桟橋、埠頭。

ピー【P】

ブーム上端からマストヘッドのホ

イスト・リミットであるブラック・バンドまでの長さ。簡単にいえば、おおよそメインセールのラフ長さ。→アイ・ジェー・ピー・イー、ブラック・バンド、巻末図

ピー・エイチ・アール・エフ [PHRF]

Performance Handicap Racing Fleet。ハンディキャップ・システムのひとつ。公式などは持たず、担当者が適当なハンディを設定するもの。適当といっても「いい加減」ではなく、「ちょうど良い加減」になるよう主要目や実績などを考慮して熟考される。担当者の能力さえ高ければ、中途半端な自己申告値を基に公式に当てはめる簡易レーティングよりも公平な結果になったりする。担当者の山勘でハンディを決めるので「勘ピューター」ともいわれる。世界的に統一されたPHRFはなく、広義に勘ピューター方式のハンディ制度をPHRFと呼ぶこともある。

ピー・エフ・ディー [PFD]

Personal Floatation Device。救命胴衣（ライフ・ジャケット）のように浮力を持って人間が溺れないようにするための用具。着衣式のものだけとも限らないので、こう呼ばれる。

ビーき [B旗]

国際信号旗のB旗。ヨット・レースでは抗議の意思を表す。一般的には、危険物積載船が掲げる。

ピーき [P旗]

国際信号旗のP旗。ヨット・レースでは、スタート4分前の準備信号。一般的には、これを掲げた船舶は「24時間以内に出航する」という意味を持つ。

ピーク [peak]

セールの上端。

ピークボード [headboard]

メインセールのピーク部に取り付ける板。ここに開いている穴にハリヤードを取り付ける。ピークボードは日本独自の言い回しで、正しくはヘッドボード（headboard）という。→ヘッドボード

ピー・シー・エス [PCS]

→パフォーマンス・カーブ・スコアリング

ビーティング [beating]

→ビート

ビート [beat]

クローズホールド。風上航。タックを繰り返しながら風上に向かうこと。真上り（まのぼり）、真（ま）ぎるともいう。

ピー・ビー・オー [PBO]

ポリパラフェニレン・ベンゾビス・オキサゾール。ハイテク繊維。ザイロン（Zylon）の商品名で東洋紡が商品化している。弾性率、強度

ひっぱく‐じょうたい **ピストン‐ハンク**

[非常操舵スモーカー]

左右非対称形のスモーカーの一つ。ジェネレーター、ぜい弱ホーを使う。

→ジェネレーター

ビッグ‐ボーイ [big boy]

スモーカーを併用する。とくに対称性の深いシェーバー。下方の風を利用し、作用力を下げる効果がある。アッパー (blooper) ともいうが、最近はあまり見かけない。

ピッチング [pitching]

船首と船尾が上がり下がりすること。船の動き。機種名、揺挙で接手が少ない時に向かって接艇する時の動き。なんとか〈分かりあう〉

ヒッチ‐マーク [hitch mark]

ララナ・ビッチの一つのビッチを丸印で hitchという、こちらは左、主に一つ回り替えられる1つのシーラー。マット、シーラーやハート軸機に150～100mほどを離れた用いた運搬を形にしているもの。

ピッチポール [pitchpole]

大きな後ろ波を船尾に受けたヨットが、船尾を持ち上げられ、船首を下にして縦にひっくり返すこと。ドローグ (drogue) を引くと船尾につないでいるが、方向を保と役立っていられたが、方向はない。

→ドローグ

ピッチ [pitch]

1: プロペラが1回転して進む距離。プロペラの角度をいうこともある。
2: 米由来の展開(てんぱる) に使う分度計。

ヒッチ [hitch]

物にロープを結びつけること。結びコブを作る結び方、端（さし）を使ってびを解けなくする、後結びつけた後ひっくり返さないで、必要なときに外させる。クラブ・ヒッチがあり、

ビストン‐スナップ、ピストン‐ハンク
[piston snap (米), piston hank (英)]

開け閉めができる楕円スライドカするスプリング内のサイドのピン (X) の一つ。

→ハンク (X)

ひきなみ [引波漁、曳き波]

船が通ったあとに残る波。ウェーキ (wake)。

ヒール [peel]

スモーカー・セールの略。

→スモーカー・セール

微風の風の力だけでは速度をセールを得られない時は、クルーの体重でセールをあげないよう、舵手は強制風回帰された。綱を回回してハイヤーセールを撮っている。船のパイヤレールの向上回でで運動 (ひかり) のことから、マストをヤード・セールを揺らしているマストの座下根を指す。

ヒービング・ライン [heaving line]

1：繋留索を岸壁に引き寄せるために投げるライン。したがって、この エリは大物機の側に結びつけておく。これに類似しているのは、艤装時に自己点火灯、救命浮具などをつけて、救命浮環の側に結びつけてあるもので、……2、ISAF-SRでは使用が義務になっている。対して小型艇側の装備品ではないところが留意点であったり、運用にあたっては要救助者の位置の発見であると。→エス・オー・エル

2：大い係船索を渡す際の先端役 となる細いロープ。

ヒーブ・ツー [heave to]

セールを揚げたまま船を止めて漂 泊すること。ジブはアバックッキャに出すこと、メインの帆走に対してラダーを風上に切った状態、メインが風抜けして走らないように、ジブやメインを操作して漂泊位置を保ちつつ、船の運動で機を減らす装置を引き込む。

→レイ・ハード・ロープ、セール・ロ
　ウ、ハイブ・ツー

ヒーブ・ツーの語源にはいくつか諸説があるもららしいが、ヒーブ・ロープには帆を揚げたまま船を止めて可能な限り漂いっぱなしにする操作で、艤装時には可能な限り一時的使われたが、緊急外避難に用いる繋維、セール・クロスの兼材料としてよくもしれない2～3ノット一縷繰りの中で漂泊することもあります。嵐の中かなどにも横ぎりしはじめたら、帆走は下調45方向に向い、船は流されることもある。嵐のように船内な範囲についての操作をしっかりと把握し、活用をマスタしよう。
緊急時はストーム・ジブ(storm jib)、嵐時にはトライサル(trysail)か、リーフ(reef縮帆)したメインセールを使う。ライ・ツー(lie to)は、ヒーブ・ツーの同義語と考えてよいが、ライ・ツーという言葉は、欧米では使われなくなっている。

ビー・マックス [B max]
船の最大幅(maximum breadth)。
船の最もひどい部分の水平距離。

ビーミー [beamy]
船の長さの割に幅広であること を、「ビーミーなヨットだ」 というように使う。

ビーム [beam]
1：梁間。
2：横梁。デッキ梁。

ビームリーチ [beam-reach]
真かげりの風を真横に受けて帆走 ること。アビーム(abeam)と同じ。

ヒール [heel]
ヨットが横に傾くこと。風圧、波 でもヒールしながら進んでいくの がヨットの味わいだが、度が過ぎた のは心配しないが、彼が遠ざかった 合はチーパー・セールへという滅に。

135

な気もする。
→どうよう

ビット [bitt(s)]

アンカー・ロープや引き綱、係船索（mooring line）などを結ぶため、甲板上に頑丈に取り付けられた柱。クルージング・タイプのヨットやボートに見られる。

ピット [pit]

本来はコクピットのピットなのだろうが、コンパニオンウェイあたりを指すのが一般的。ピットマンといえば、ハリヤード関係を司る司令塔。目の前に並ぶジャマーがピアノの鍵盤のようなので、「キーボーダー」と呼ぶこともあり。カーレースでピットマンというとタイヤ交換などをする人達を指すので、ヨットでもピットマンは桟橋で待機し、トラブルの時に対処する一団だと思っている銀座のホステスもいる。が、これは間違い。
→コンパニオンウェイ、ジャマー、キーボーダー

ビニテ

ビニールテープの略称。レース艇の上では各所で使われる。クルージング艇ではあまり使われないようで、「なんでレースの人はビニテをこんなに使うの？」とマイアミのマリンショップで店員に聞かれたことがある。

ひび

定置漁具の一種で、竹を林立させて海苔養殖に使う「のりひび」や、竹を円状に立てる小型定置網などをいう。アンカレッジにうってつけの場所に多いので、恨めしい。

ビミニ・トップ [bimini top]

ヨットやボートのコクピットの日除け覆い。パイプの骨組みに布を張る。ビキニ・トップを連想して、ちょっと色っぽい。

ビューフォートふうりょくかいきゅう（ひょう）

【ビューフォート風力階級（表）、Beaufort wind scale】

風力を0から12までに分けて表した階級表。巻末参照。

ひらうちロープ【平打ちロープ】

平たく編まれたロープ。帯紐、ベルト、テープ。正式にはウェビング（webbing）。

ビルジ [bilge]

大型船舶では、船側の外板と船底が繋がるあたりの湾曲した船体部分をいう。また、船底に溜まる汚水をビルジ・ウォーター（bilge water）といい、それを縮めてビルジという。ビルジ・ウォーターが溜まる場所をビルジともいうこともある。ビルジ・ウォーターを汲み上げるポンプは、ビルジ・ポンプという。

ひろ【尋】

長さの単位。主に水深に使われる。そもそもは1尋＝5尺＝1.515mだったが、英国で用いられていた1ファゾム（fathom）＝6ft＝1.8288mを尋と訳したようで、曖昧になっている。海外のチャートには水深をファゾムで表示しているものもある。
→ファゾム

ピン・エンド [pin end]
　スタート・ラインにおける風下側のマーク。風下エンド。スタートでは通常スターボード・タックでラインを切るので、風上に向かって左側が風下側になる。ピン・エンドからのスタートを「下一（しもいち）」、風上側（本部船側）の際からスタートするのを「上一（かみいち）」という。
→かざしもエンド、コミティー・エンド、かみいち、しもいち

ピンチ（・モード） [pinch (mode)]
　通常のクローズホールドのコースより、ほんの少し風上に向けて走ること。スピードは落ちても、高さを優先させる走り方。他艇との位置関係から戦術的に行うことが多い。逆はドライブ（・モード）。
→ドライブ

ピントル [pintle]
　アウトボード・ラダー（トランサム・ラダー）に用いる舵の取り付け金具のオス側。ピン。これをガジョンに差し込む。
→ガジョン

ピンホール [pinhole(s)]
　1：スピネーカーに生じた小穴。スピネーカー・トリムをしていると見つけることができる。すぐに場所をメモしておいて、降ろしたら即修理すること。小さな穴が、やがて大きなトラブルに発展するのである。
　2：FRP（強化プラスチック）艇における船体外面のゲルコート（gelcoat）に現れる小穴。オズモシス（osmosis）を起こす原因の1つでもある。
→オズモシス

ふ

ファースト・ホーム [first home]
　着順1位のこと。ライン・オナー（line honor）ともいう。ハンディキャップで修正順位を出す場合に、別にトップ・フィニッシュ艇をたたえるためにある。

ファーラー [furler]
→ファーリング・ギア

ファーリング [furling]
　ファーリング・ギアを用いて、セールを巻き込むこと。
→ファーリング・ギア

ファーリング・ギア [furling gear]
　セールを巻き込む装置。ジブを巻き込むものはジブ・ファーラー。メインセールなら、メイン・ファーラ

ー。また、ステイスルやコード・ゼロはファーリングした状態で揚げ降ろしするものがある。

ファーリング・ジブ【furling jib】

ジブ・ファーラーに使用するジブ。巻き込んだ時に表に出るリーチとフット部分に、日焼け防止のUVクロスのパッチを当てたりして、通常のジブとはちょっと違っていたりする。メインセールにオーバーラップするジェノア・サイズであることが多いので、ファーリング・ジェノアともいう。
→ジブ・ファーラー

ファーリング・メインセール
【furling mainsail】

ファーリング用のメインセール。巻き込んだ時に邪魔にならないようにバテンのないタイプもあるが、リーチローチをつけられないので、マストに収納するタイプのメイン・ファーラーでは縦にバテンをセットするものもある。ブームに収納するタイプもある。

ファール・ウェザー・ギア
【foul weather gear】

ファール・ウェザー（foul weather）は、「荒れた」とか「暴風雨」の意味で、ファール・ウェザー・ギアは荒天用の衣類、つまり合羽（カッパ）のこと。
→カッパ

ファイバー【fiber】

繊維。天然繊維（綿、麻など）と合成繊維（ナイロン、テトロンなど）に分けられる。1本の繊維は短いもので、それを紡いでヤーン（糸）を作る。合成繊維の中にはそれそのものが長い糸状のものもある。
→ヤーン、ストランド

ファイバーグラス
【fiberglass（米）, fibreglass（英）】

グラスファイバー(ガラス繊維)の商品名。Fibreglassは英国Fibreglass社、Fiberglasは米国Owens-Corning Fiberglas社の商標で、ちょっとややこしい。
→グラスファイバー、がらすせんい、エフ・アール・ピー、ジー・アール・ピー

ファインチューニング【fine-tuning】

微調整するという意味だが、大型艇ではメインシートなどで、主となるテークルとは別にさらに細かく調整できるように設けたテークルのことをいう。ジャイビング時、風下マーク回航時など、素早くシートを引きこみたい時にはパーチェスが多いと長く引き込まなくてはならない。かといって、むやみにテークルを減らすと最後が引ききれないので、ファインチューニングを使った2段がまえになる。
→メインシート、テークル、パーチェス

ファスター [faster]

ヨット・レースにおいて、相手艇と自艇を比較する際の用語。相手艇よりも速いこと。性能の大きく異なる他艇や、異なる風の中を走っている艇と比べても意味はない。また、ただ速ければいいというわけでもなく、速いけれど角度がとれていない状態が、「ロワー&ファスター」になる。「ハイヤー&ファスター」なら角度もスピードも申し分なし。

ファゾム [fathom]

深さを示す単位。1ファゾム（fathom）＝6ft＝1.8288m。
→ひろ

ブイ [buoy]

浮き。航路標識のようなちゃんとしたものから、ヨット・レースのマークに使う浮きや、タコツボの目印のようなものもブイという。

ブイ・エイチ・エフ [VHF]

超短波帯（無線機）。Very High Frequency。30〜300MHzの電波帯のことで、直進性に優れ、基本的に見通し距離が電波到達範囲となる。
→こくさいブイ・エイチ・エフ

ブイ・エム・ジー [VMG]

Velocity Made Good。クローズホールドで走るヨットの風上方向の速力成分。いくら艇速が速くても、角度が悪ければVMGは悪くなる。また高さを稼いでも速力が遅ければVMGは下がる。角度と艇速を加減し、最もVMGが高い状態で走ることで風上へ最も速く到達できる。風下に向かって走る場合も、直接目的地を目指さず、より艇速の上がるコースで走ることが多く、この場合は風下方向の速力成分となる。こうした走り方を目的としたスピネーカーの形状にもVMGと呼ぶものがある。また目的地に対しての速力成分をVMC（velocity made good on course）と呼ぶが、GPSで表示されるVMGは、VMCであることが多い。

ブイ・ピー・ピー [VPP]

Velocity Prediction Program。ヨットのさまざまなデータから、風向、風速ごとに達成できる速力を予測するコンピューター・プログラム。IMSではIMS-VPPを用いて勝敗の判定を行い、設計段階でVPPを用いる場合もある。さまざまなVPPが存在し、その精度もまちまち。
→アイ・エム・エス

フィーダー [feeder]

セールのボルトロープが、スムースにグルーブに入っていくようにガイドする部品。フィーダーにリードするための部品は、プレ・フィーダーという。

フィート [feet]

ヤード・ポンド法における長さの単位。記号はft。「'」を使うこともある。1ft＝30.48cm。12インチが1

フィートで、3フィートが1ヤードと、複雑極まりない。発祥の地、英国でもメートル法に切り替えられ、現在は米国のみで用いられている。ただし、なぜかセーリング・クルーザーやパワーボートの長さ（全長）は、メートル法よりフィートでいわれた方がピンとくる。

フィギュア・エイト・ノット
[figure eight knot]
→エイト・ノット

フィクス [fix]
　船位を決定すること、あるいは決定された船位。

フィッティング [fitting]
　船の構造物以外で、船体、デッキ、マストなどに取り付けられた部品の総称。デッキに付いているものはデッキ・フィッティング、マストに付いているものはマスト・フィッティングという。
→ぎそう

フィドル・ブロック [fiddle block]
　ブロックの種類のひとつ。大小2つのシーブが上下に並んだもの。fiddleはバイオリン系の楽器のこと。確かに形が似ている。
→ブロック

フィニッシュ [finish]
　ヨット・レースにおけるゴール。海上に設定された2つの点を結んだ線がフィニッシュ・ライン（finishing line）。

フィル [fill]
　セール・クロスは細長い反物だが、その短辺方向にあたる横糸をフィルという。一般的なセール・クロスは横糸に縦糸を織り込んでいるため、フィルが伸びにくい「フィル・オリエンテッド」と呼ばれている。縦糸はワープという。
→ワープ

フィン・キール [fin keel]
　ヨットのバラスト・キールで、ひれのように薄いもの。船体のカーブと繋がったようなディープ・キールに対して、こういう。現在のセーリング・クルーザーは、ほとんどがフィン・キールだ。
→ディープ・キール

ふういき [風域]
　風の強さを表す段階としてはビューフォート風力階級が有名だが、実際に船の上で会話されている風の強さは以下のような感じになる。
　無風：まったく風がない状態。
　微風：少し風がある状態。まだヨットを走らせるにはイライラする。
　軽風：ストレスなく船が走る。ただしクルーは風上に行ったり風下に行ったり、体重移動で忙しい。
　中風：クルー全員が風上のレールに座ってヒールを起こし、ほんのたまに飛沫がかかるくらいの風。ちな

みに「順風満帆」の順風という言葉は、風の強弱ではなく、一般的に追い風の状態（ヨット用語では「フリー」の状態）を指す。

強風：波がザブザブかかる状態。コンパニオンウェイのスライドハッチは閉める。ダウンウインドはかなり楽しい。

ド強風：波をかぶるかどうかなんてどうでもよくなる状況。ダウンウインドでも顔が引きつる。船が壊れないように常に頭を働かせる状態。
→ビューフォートふうりょくかいきゅう

ふうこう【風向】

風の吹いてくる方向。船の上で、船首から何度の角度から吹いてくるかを表すウインド・アングル（wind angle）と、どの方位から吹いてくるかというウインド・ディレクション（wind direction）に分けられる。さらにウインド・アングルには、見かけの風（apparent wind angle：AWA）と真の風（true wind angle：TWA）の2種類ある。ウインド・ディレクションは真の風しかないので、true wind direction（TWD）となる。方位は、北を0度として右回りに角度で表す。

ふうこうけい【風向計】

風向を知るための装置。単に矢羽根などを用いて直接視覚にうったえるものは「風見」と呼ばれ、「風向計」となると風向がメーターに表示されるものを指す場合が多い。風速計と合体しているものは風向・風速計と呼ぶ。
→ふうこうふうそくけい

ふうこうふうそくけい【風向・風速計】

風向計と風速計がひとつになって、見かけの風速と風向を測るもの。スピードメーターと連動させることで真風向、真風速を計算して表示したり、さらにコンパスを接続すれば真風位も表示できる。
→みかけのかぜ、しんのかぜ

ふうそく【風速】

風の速さ。セーリング・ディンギーではm/sで表すことが多いが、セーリング・クルーザーではノットを使うのが一般的。1時間は3,600秒だから、秒速1mは時速3.6kmになる。一方、1マイルは1.852kmだから、2ノットは時速3.7km。つまり1m/sはほぼ2ノット。風速10m/sは、ほぼ20ノットだ。

ふうそくけい【風速計】

風速を測る装置。羽根車を風にかざしてその回転を測る。手持ちタイプのものから、風向計と合体したセンサーをマストヘッドに付けて、そのデータをコクピットにディスプレイ表示するものもある。
→ふうこうふうそくけい

ブーム【boom】

セール下部（フット）を支えるス

パー（棒材）。帆桁。一般的にブームといえば、メインセールの下部を支えるものを指す。グースネック金物によってマストの後ろに接続される。
→フット、スパー、グースネック

ブーム・ギャロース [boom gallows]

セールを降ろした際に、ブームを乗せる門型の台。クラシックなタイプのセーリング・クルーザーにはよく見られる。

ブーム・バング [boom vang]

セールにかかる風圧でブームが持ち上がらないよう、ブームを下方向に引く艤装。リーチのコントロールに使う。単にバングと呼ばれることが多い。セーリング・ディンギーのものは、ほとんどがテークル。セーリング・クルーザーにおいても、以前は油圧式もあったが、現在はほとんどロープとブロックのテークルになっている。パイプとバネの力でブームがデッキに落ちてこないような仕組みになっている商品も多く、レース艇でも広く使われている。キッキング・ストラップ、キッキング、キッカーともいう。
→ブーム

ブーム・パンチ [boom punch]

ブームが頭に当たること。大けがに至ることもあるので注意したい。
→ブーム

ブーム・ファーリング [boom furling]

メインセールのファーリング方式のひとつで、ブーム内にセールを巻き取る方式。
→ファーリング

ふうりょく [風力]

風の強さ。風速は速度の単位で、こちらはビューフォート風力階級によって0から12に分類されている。同じ風速でも気温の低い冬場の方が風が重く感じるあたりに、風速と風力の違いを見いだしてもよいかもしれない。
→ビューフォートふうりょくかいきゅう

フェアリーダー [fairleader]

ロープの引かれる向きを変えるための艤装で、擦れ止めの役目も持つ。係船索のリードと擦れ止めの意味をもつチョック（chock）や、ジブシートのリード角を変えるための艤装もジブ・フェアリーダーと呼ばれたりする。
→チョック

フェイス [face]

顔（face）。ヨット・レースで「フェイスを分ける」といえば、ビーティングのレグなどで、2隻のヨットが左右別々の海面に分かれて展開すること。スプリット（split）すること。フェイスが合うのはミート。
→ビーティング

フェザリング・ペラ【feathering prop】

水中抵抗を減らすためにブレードが縦にねじれるようになっているスクリュー・プロペラ。2翼、または3翼のタイプがある。ブレードが閉じるものはフォールディング・ペラ。
→ブレード、フォールディング・ペラ

フェロセメントてい【ferrocement艇】

鉄筋と金網で籠のような船体を作り、そこにモルタルを塗り固めて造った船体。重いが丈夫で、船が大きくなればそれなりのメリットがある。自作艇にしばしば見られる工法。

フェンダー【fender】

防舷材。桟橋側に付いているもの、船の船側に付いているもの、あるいは取り外し式のもの、空気を入れるもの、硬質ゴム製のものなど、種類は多岐に渡る。

フォアガイ【foreguy】

スピネーカー・ポールを前下方向に引くロープ。スピネーカー・ポールを、ある方向にリードするものをガイといい、後ろ側にリードするものはアフターガイで、単にガイというとこれを指すことが多い。レース中、興奮してくるとどちらも「ガイ」と呼び捨てになるので注意。
→アフターガイ

フォアキャビン【forecabin】

前部船室。フォワード・キャビン、バウ・キャビン、フォクスルなど、さまざまな呼び方をする。

フォアステイ【forestay】

マストを前方に支えるステイ。ヘッドステイ（headstay）ともいう。ここにジブのハンク（ス）を取り付け、ジブを展開する。ランナー（ランニング・バックステイ）の付いていないフラクショナル・リグの艇では、コンディションによってフォアステイの長さを変え、リグ全体のテンションを入れたり抜いたりする。スタート前に海上で行うこの作業はかなり面倒くさいのでバウマン泣かせである。
→フラクショナル・リグ、バウマン

フォアデッキ【foredeck】

マストより前のデッキ。バウデッキともいう。

フォアデッキ・マン【foredeck man】

フォアデッキが持ち場のクルー。バウマン。
→バウマン

フォアトライアングル【foretriangle】

フォアステイ、マスト、フォアデッキに囲まれた三角形。ジブはこの範囲内に展開することになるので、セール・プランの基本寸法となる。
→フォアステイ、フォアデッキ

フォアハッチ【forehatch】

マストより前に位置するハッチ。

バウ・ハッチという方が多い。

フォアピーク [forepeak]

船内最先端の三角形の部分。尖っているので寝床にすることもできず、ここだけ仕切られてアンカーやアンカー・ロープ用のロッカーになっていることが多い。

フォアフット [forefoot]

フィン・キールより前側の水線下の部分。

フォイル [foil]

翼、翼状のもの。フィン・キールやセンターボード、ラダーもフォイルである。「フォイル・チェック」といえば、キールやラダーに海草などが付いていないか調べること。船底部に窓がついていて、キャビンの中から見えるようにしている船もある。一方、ヘッドフォイルといえばフォアステイに付けるチューブで、2本あるグループのどちらかにヘッドセールのラフをセットする。
→ヘッドフォイル

フォーク・ターミナル [fork terminal]

ワイヤ・ロープ（wire rope）の端の処理に使う金物の1つで、二股に分かれたフォークにピンを通す構造のもの。
→スウェージング

フォートレス・アンカー
[Fortress anchor]

アルミ製の分解式ダンフォース型アンカー。米国のアンカー・メーカー名に由来する。軽くてかさばらないうえ錨利きも良く、クルージング艇の予備アンカーとして重宝されている。めったにアンカーを使うことがないレース艇でも、安全備品としてこれを備えていることが多い。
→ダンフォース・アンカー

フォーム・コア [foam core]

サンドイッチ構造の心材に使う発泡体。
→サンドイッチこうぞう

フォーム・スタビリティー
[form stability]

船体形状からなる復原力。浮力の中心が移動することによって生じる。一方、重心が移動することによって生じるものをグラビティショナル・スタビリティーという。

フォールディング [folding]

折りたたみ式の意。フォールディング・アンカーといえば折りたたみ式のアンカーだし、フォールディング・テーブルといえば折りたたみ式のテーブル。

フォールディング・ペラ [folding prop]

セーリング中の水中抵抗を減らすためブレードが閉じるタイプのプロペラ。2枚（あるいは3枚）のブレードが前後方向に閉じる。ブレードが捻じれるものはフェザリング・ペラ

という。
→ブレード、フェザリング・ペラ

フォクスル【forecastle】
　一般の船舶では、船首部にあって、甲板から一段高くなっている場所。しかしヨットでは、フォアデッキ下のスペースを指す。

フォグホーン【foghorn】
　視界不良時などに用いる音響信号のひとつ。霧中号笛（むちゅうごうてき）ともいうらしい。

ふくげんりょく【復原力、stability】
　船が横傾斜（ヒール）したとき、元に戻ろうとする力。

ふくげんりょくしょうしつかく【復原力消失角】
　復原力が消失する時の傾斜角度。これ以上傾くと、転覆する。一般的な外洋ヨットでは100°から、大きいもので130°くらい。180°、すなわち真っ逆さまになっても起きあがる船をセルフライティングという。

ふくごうざいりょう【複合材料】
→コンポジット

ふくろうちロープ【袋打ちロープ】
→ブレード・ロープ

ふちんこうぞう【不沈構造】
　沈没しないように、構造物に浮力体を充填するなどした船。転覆しないという意味ではない。

プッシュピット【pushpit】
　船尾についたパルピット（スターン・パルピット）のこと。
→パルピット

フッティング【footing】
　クローズホールドで、高さよりスピードを重視した走り方。日本ではドライブともいう。それに適した状態にセールなどをセットした状態をフッティング・モード、フット・モード、ドライブ・モードという。

フット【foot】
　セールの下辺。
→巻末図

フット・コード【foot cord】
　セールのフット内に通した細いロープ。適度に引くことで、フットのばたつきを抑える。
→リーチ・コード

ふひょう【浮標】
　定位置に係止され、海図に記載されたブイ。

ふひょうしき【浮標式】
→イアラふひょうしき

ふめんしん【浮面心】
　水線面の面積（waterplane area）の中心。

プラー【puller】

引っ張る類の艤装。ジブ・プラーといえば、ジブシートをより風上に引き込むために取り付けたブロックとシート。また、マスト・ベンドを調整するための装置をマスト・プラーという。

プライウッド【plywood】

合板。ベニア板ともいうが、ベニア（veneer）は薄板のことで、これを張り合わせたものがプライウッド。さまざまな材質、グレードのものがあり、単板に比べ安価。ヨットやボートにもよく使われている。

ブライドル【bridle】

逆Y字型にワイヤ、あるいはロープを取り、2点間の加重を中央で持たせる装置。スピネーカー・ポールのブライドルといえば、両端の加重を中央で持たせるもの。小型艇で用いるメインシートのブライドルといえば、ブライドル部の長さを調節してトラベラーの役目をするもの。

プライマー【primer】

下地塗料。素材の表面によく接着し、表面を滑らかにすることで耐久性と仕上げをよくする。

プライマリー・ウインチ【primary winch】

主に使うウインチ。ジブシート、アフターガイ、時にはスピネーカーシートにも用いる。一番大きなウインチであることが多い。

プラウ・アンカー【plow anchor (米), plough anchor (英)】

CQRアンカーに代表される、鋤（すき：plow）のような形状のアンカーの総称。
→シー・キュー・アール・アンカー

プラグ【plug】

1：木栓。
2：造船用語で、凹型をしたメス型をモールドというのに対し、凸型をしたオス型はプラグという。ワンオフ艇ではプラグから作られることが多く、あるいはプラグから量産用のメス型を作ることもある。
→ワンオフ

フラクショナル・リグ【fractional rig】

フォアステイをマストトップから取るものをマストヘッド・リグというのに対し、マストの中間から取るものをフラクショナル・リグという。外洋レーサーではこちらが主流。ミドルリグ、中間リグ、カンチャンリグなどとも呼ぶ。フラクショナル・リグには「ランナー付き」と「ランナーなし」があり、「ランナーなし」の場合はスプレッダーをスウェプトバックさせてマストを後方から支持する。
→スウェプトバック・スプレッダー

ブラケット【bracket】

保持具。エンジン・ブラケットといえば、船外機の取り付け部分の保持具。シャフト・ブラケットといえ

ば、プロペラ・シャフトの保持具。

ブラック・バンド 【black band】

ルールに基づくセールの展開許容範囲を示す黒い線。マストヘッド、ブームエンド、艇種によってはマスト下部（グースネック付近）にある。カーボン製マストやブームは白い線になるが、それでもブラック・バンドという。

ブラック・フラッグ 【black flag】

RRSで定められたスタートにおけるルール。スタート1分前からスタート・ラインを出た艇は直ちに失格となるもの。その際に掲げられる旗。
→アール・アール・エス

フラッグ・ライン 【flag line】

旗竿やマストに沿って旗を揚げ降ろしするための細いロープ。

フラックス・ゲート・コンパス 【flux gate compass】

電磁石を用いた磁気コンパスの一種。風向・風速計やスピードメーターとつないで方位をメーターに表示できる。

フラッシュ・デッキ 【flush deck】

船底が平らなのはフラット・ボトム（flat bottom）だが、デッキが平らなものはフラット・デッキではなくフラッシュ・デッキという。抵抗物のないデッキを波が洗う（flush）イメージか。

フラット・ボトム 【flat bottom】

平らに近い船底形状。

ブランケット 【blanket】

他艇のセールや陸地などで風が遮られた状態。毛布（blanket）で覆われた感じ。ブランケともいう。ヨットによるブランケットは円錐形（cone）に生じるので、この区域をブランケット・コーンという。他艇によって乱された汚い風はシット・エア。こっちの方が風速はまだ高いイメージかも。逆はクリア・エア。

フランジ 【flange】

縁取りにある鍔（つば）や継手。適当な日本語訳はないが、いろんな部品に、いろんなフランジがある。

フリー 【free】

ヨットでは、自由に進行方向を取れるという意味で、クローズホールド以外の走りをいう。レース的な走りでは、ダウンウインドでもVMGを追求するのであまり自由ではない。そんなわけで、最近はあまり使わなくなってきた。現在はヨットの走りを大きく分けると、アップウインド、ダウンウインド、リーチングの3つになる。
→ブイ・エム・ジー

フリート 【fleet】

船隊とか艦隊といったモノモノしい意味を持つが、ヨットでは船の集まり、集団をいう。地元フリートと

いえば、その海域に集まるヨット全体をいう。ヨット・レースで「フリートは左右に大きく分かれ……」などといえば、参加艇をさす。

フリート・レース 【fleet race】
1対1で競うマッチ・レースに対して、多数のヨットが同時にスタートし順位を競うもの。

フリーボード 【freeboard】
水面からデッキまでの高さ。乾舷。

プリプレグ 【prepreg】
カーボン・コンポジットなどの工法で使用される、あらかじめ樹脂を含浸させた繊維基材。カーボン・プリプレグは、しっとりした厚手の海苔のようなもので、型（モールド）に重ねてバキュームバッグで密着させ、温度を上げて焼き固める。それほど高温ではないが、焼く（bake）と称している。作業性がよく、なにより樹脂の量をコントロールできるので軽量に仕上がる。
→コンポジット、ウェット・ラム

プリベンター 【preventer】
→ジャイブ・プリベンター

ふりょくバッグ 【浮力バッグ】
転覆時に浮力を補うためにセーリング・ディンギーなどが備える空気袋。船が大きくなると浮力タンク、浮力体などを設けるものがある。

フル・セール 【full sail】
最大限のセール・エリアにしている状態。

フル・バテン 【full-length batten】
リーチからラフまで全通するバテン。あるいは全通バテンを装備していること。
→バテン

ブルーウォーター 【blue-water】
日本でブルーウォーター派というと、もっぱらクルージングだけを楽しむ人をいうが、本来ブルーウォーターは水深の深い紺碧の海から外洋を意味する。だから、ブルーウォーターなレースもあるわけだ。海外では、外洋クルージングをディープウォーター（deep-water）クルージングということもある。

フルーク 【fluke】
錨の爪の部分。

ブルース・アンカー 【Bruce anchor】
アンカーの種類のひとつで商品名。可動部がなく、信頼性が高い。

ブルーパー 【blooper】
→ビッグ・ボーイ

ブルワーク 【bulwark】
外板の、デッキ面より上まで延長された部分。クラシックなスタイルのヨットやボートにみられる。

フレア【flare】
1：水線幅よりデッキ幅の方が広く張り出している船体形状。
2：火炎信号。

フレーク【flake】
1：ロープ類（とりわけハリヤード）が絡まないように、エンドからさばいておくこと。8の字状にすることが多い。
2：セールをフットから蛇腹状に畳むこと。ブームから外したメインセールは折り目が付かないようにフレークせずにロールしておくことも多い。

ブレークウォーター【breakwater】
デッキに付ける波除けのでっぱり。ウォーターブレークともいう。

ブレース【brace】
アフターガイのこと。主にオーストラリア人がこう呼ぶ。オーストラリア訛りのカタカナをあてると「ブライス」になる。
→アフターガイ

ブレード【blade】
プロペラの羽根。オールやパドルの平たい部分。あるいは、レース艇のナンバー3ジブのように細長い刃物のようなセールもブレード（blade）とかブレード・ジブ（blade jib）と呼ばれる。

ブレード・ロープ【braided rope】
編み込んで作られるロープの総称。編み込みが袋状になるので袋打ちともいう。袋が二重になっているものを二重打ち（ダブル・ブレード）という。ヨットのコントロール・ラインに用いるロープは伸びを抑える必要があり、編み込みのない心材（パラレルコア）にしたものもある。あるいは、心材にスペクトラやベクトランなどの高張力繊維を用いたものもあり、この場合、強度は心材のみで持っており、外皮は摩擦や紫外線から心材を守る、あるいは持つ手が痛くないようにするためにポリエステルなどを用いている。必要ない部分は心材をむき出しにして、必要な部分にのみ外皮を被せるなどの加工をほどこして使用する。

プレーニング【planing】
水面上を滑走すること。水を押しのけて走っている状態から飛び抜けるとこうなる。大馬力のエンジンを付けたモーターボートや、軽量で艇体重量のわりに大きなセールを持つセーリング・ディンギーがカッ飛んでいる状態がプレーニングだ。キールボートでも条件が揃うとプレーニングする。かなりエキサイティングな状態ではある。

フレーム【frame】
船の肋骨。

プレジャーボート【pleasure-boat】
遊びに使われる舟艇（しゅうて

い）。漁船や商船など、商売に使われるものはコマーシャルボート（commercial-boat）という。

プレスタート 【pre-start】
スタート前のこと。ヨット・レースでは、スタートに向けてスタート前の駆け引きが重要になる。ルール（RRS）でも、準備信号（通常はスタートの4分前）からレースは始まっている。よってプレスタートもレースのうち。
→アール・アール・エス

ブレスト・ライン、ブレスト・ロープ
【breast line (米), breast rope (英)】
係船索のうち、横方向にとるもの。単にブレストともいう。
→けいせんさく

ふれたっく 【振れタック】
風向の変化（風の振れ）に合わせてタッキングをすること。ヘッダーの風を受けるようになったらタッキングして、常にリフトで走るようにする。風の振れに合わせてジャイビングするのは、振れジャイブ。
→ヘッダー、リフト

プレッシャー 【pressure】
セールに風を受けている圧力。特に微風時のスピネーカー・ランでは、スピンシートに伝わる圧力がトリムとヘルムの目安になる。スピネーカー・トリマーは、そのプレッシャーを常にヘルムスマンにコールする必要がある。

フレッシュ・エア 【fresh air】
→クリア・エア

ふれまわり 【振れ回り】
1つのアンカーのみで停泊している船が、風向や潮流の変化によってその姿勢をかえること。転じて、アンカーあるいは1つのブイのみでの停泊を「振れ回し」ともいう。

フロア 【floor】
造船界では、床下にある構造部材を指すようだが、一般的には単に「床」のことを指してフロアという場合が多い。キャビンの床はキャビン・フロア。コクピットの床はコクピット・フロア。
→ソール

ブロー 【blow】
周りと比べ、強く吹く風。

ブローチング 【broaching】
波に突っ込んで船が切り上がり、横倒しになる状態。波がなくても、スピネーカーでのリーチングでは風圧でウェザー・ヘルムが増し、切り上がって横倒しになってしまうこともある。あるいはセールのないモーターボートでも、波の斜面を高速で下る時に舵が利かなくなり切り上がって横倒しになることがある。その状態がブローチング。ブローチともいう。ブローチングを経験したセー

ラーは、それを話す時になんだか嬉々としていることが多い。

フロート・オフ [float off]
　風下マーク回航における、スピネーカー収納パターンのひとつ。スターボード・タックでマークにアプローチし、ジャイビングしながらスピネーカーを回収し、風下マークを回りこむ方法。ジャイビング中にポールはそのままオンデッキにし、スピネーカーをフローティングさせた状態で回頭することから、こう名付けられている。
→コンベンショナル・ドロップ、アーリー・ポート・ドロップ

ブロードリーチ [broad-reach]
　リーチングの中でも風が真横より後ろから吹いている状態。

プロダクション・ボート [production boat]
　1艇ごとに設計し、建造されるワンオフ艇に対し、メーカーがあらかじめ仕様を決めて建造し、売り出す量産ボート。1つの型（モールド）から何隻も造れるので、コスト・パフォーマンスに優れる。造り置きしておく場合もあるが、さまざまなオプションも用意され、注文を受けてから建造されることも多い。
→ワンオフ

ブロック [block]
　滑車。日本語で滑車というと円盤状の回転体そのものを指すが、ヨット上では回転体はシーブ（sheave）、シーブが収まったもの全体をブロックと呼んでいる。スイブル・ブロックといえば、ブロック全体が首振りになっているもの。ダブル・ブロックといえばシーブが2つ付いているもの。ラチェット・ブロックといえばシーブが片方向にしか回らないようになっているもの。また、使う場所によっても呼び方が変わる。メインシートに使われるものはメインシート・ブロック。ターニング・ブロックといえば、ロープの取り回しを変化させるためのもの。

プロッター [plotter]
　GPSレシーバーなどで、マップデータとともに自艇の位置をプロットする機能をもつ航海計器。チャート・プロッター、GPSプロッター。

プロテスト [protest]
　ヨット・レースにおける抗議。
→こうぎ

プロパー・コース [proper course]
　RRSに定義されるヨット・レース用語で、できるだけ早くフィニッシュするためのコース。ただし、スタート前には存在しない。
→アール・アール・エス

プロペラ [propeller]
　回転式推進器。スクリュー・プロペラから、単にスクリューともいう

が、スクリュー（screw）は木ねじなど広い意味があるので、略すならプロペラやペラの方がいいかも。

プロペラ・シャフト [propeller shaft]

エンジン軸とプロペラをつなぐシャフト。

ブロワー [blower]

送風機。エンジン・ブロワーといえば、エンジンルームの換気に用いる送風機。単にブロワーというと、レース運営時にブイに空気を入れる空気入れ。

復原力曲線
【復原力曲線, stability curve, righting moment curve】

横軸にヒール（heel、横傾斜）角度、縦軸には復原力を表す復原モーメント（righting moment）をとって描いたグラフ。GZカーブともいう。
→ふくげんりょく

へ

ベア・アウェイ [bear away]

風下に向けて針路を変えること。ベア、ベアウェイ、落とす、バウダウンともいう。ベア・オフは、『ヨット、モーターボート用語辞典』では「陸地や他の船から徐々に遠ざかること。次第に脇にそれること」とあるので、使い分けていただきたい。

ベア・アウェイ・セット [bear away set]

風上マーク回航時におけるスピネーカー準備方法のひとつ。スターボード・タックでマークにアプローチし、そのままベア・アウェイしてスピネーカーを展開する基本形。
→タック・セット、ジャイブ・セット

ヘアクラック [haircrack]

FRPなどの表面に現れる現象で、ピンホールが針の穴のように小さい穴であるのに対し、こちらは髪の毛のように細い亀裂。

ベアボート・チャーター
[bareboat charter]
→チャーター

ベア・ポール [bare poles]

荒天時などに、すべてのセールを降ろして走ること。もちろん風下に向かってしか走れないが、マストやリギンにあたる風圧だけでかなりのスピードが出ることがあり、ドローグを流すなどの対処も必要になる。ベア・マストともいう。
→ドローグ

ベアリング [bearing]

1：物標の方位。
2：軸受け。

へいすいくいき [平水区域]

日本の船舶安全法に定められた、国内における最も静穏とされる航行区域。湖沼、ならびに湾内などの定められた水域。

ベーン [vane]

本来は羽根のこと（羽根車はvane wheel）。ヨットではウインド・ベーン（wind vane）を指すことが多い。
→ウインド・ベーン

ベクトラン [VECTRAN]

ポリアリレート系繊維の商品名。ケブラー並みの強度と弾性率を持つ。曲げ疲労に強いが、紫外線による劣化が大きいので、セール・クロスよりもロープの心材として使われる。
→ブレード・ロープ

ベケット [becket]

ブロックの取り付け側の反対にあるロープを結ぶ部分。略してベケ。ベケ付きのブロックといえば、ベケットが付いているタイプ。普通はついていない。

ベタ

無風で海面がべた〜としているところから、凪の状態。ベタ凪ともいう。それでもチョロチョロとわずかな風が残っていたりもするものだが、いよいよ風がなくなれば「完ベタ」となる。また、岸に張り付いて走るようなことを岸ベタという。

ヘッダー [header]

風向は小さな変化を繰り返していることが多い。ヘディングが落とされるような風の振れをヘッダー、ヘッダーと呼んでいる。

→リフト、ふれタック

ヘッド [head]

船ではトイレのこと。船首部にトイレがあった大航海時代の帆船に由来するらしい。

ヘッドステイ [headstay]
→フォアステイ

ヘッドセール [headsail]

マストの前に展開するセールの総称。スピネーカーがヘッドセールに入るか否かは、クラス・ルールなどによって異なる。

ヘッドフォイル [headfoil]

フォアステイに被せるチューブで、ジブのボルトロープを通す溝（グルーブ）が2本以上付いている。レース艇用としてはタフラフ（商品名）が有名。また、ジブ・ファーラーではアルミニウム製のヘッドフォイルを回転させて、セールを巻き込むようになっている。
→タフラフ、ジブ・ファーラー

ヘッドボード [headboard]

メインセールのピーク部（頂部）に取り付けられた板。ピークボードの正式名称。

ヘッドルーム [headroom]

キャビンの天井高のこと。

ヘディング [heading]

針路。船首が向いている方角。
→しんろ（針路）

ペデスタル【pedestal】
　垂直に立ち上がる構造物。ステアリングの台座はステアリング・ペデスタル。ペデスタル・ウインチといえば、ペデスタルからウインチ・ハンドルが出ていて、1人または2人のクルーが向かい合わせで操作するパワフルなもの。

ペナルティー【penalty】
　ルール違反に対する罰則。通常はその場で2回転するか、I旗を揚げて罪を認め、順位が減じられる。しかしこれは艇と艇が出合ったときのルールに違反した場合で、たとえばあまりにも風がないのでエンジンをかけて小1時間走った後、2回転しても許されるものではない。

ベニア【veneer】
　薄板のこと。これを張り合わせたものが合板（プライウッド）。
→プライウッド

ベビー・ステイ【baby stay】
→インナー・フォアステイ

ペラ
→プロペラ

ペリカン・フック【pelican hook】
　舷側のライフラインの一部を外せるようにするためのフック。留めのリングを外して口を開けるとライフラインが緩んで、その一部を外すことができる。

ベルクロ【Velcro】
　いわゆるマジックテープ（商品名）。バリバリっと剥がすアレ。ロープ類を仮止めしたり、工夫次第でいろいろ使える。

ヘルム【helm】
　1：ティラーやステアリング・ホイールのこと。ヘルムをとるといえば舵を持つこと。
　2：セーリング中のヨットの舵を真っ直ぐに保っていてもコースから外れようとする傾向のこと。風上へ外れようとするならウェザー・ヘルム。風下ならリー・ヘルム。

ヘルムスマン【helmsman】
　ヘルム（舵）をとる係のクルー。操舵員、舵取り、運転手、棒（ティラー）持ち。セーリング・ディンギーではスキッパー（skipper）と呼ばれることが多いが、セーリング・クルーザーにおいてはヘルムスマン（舵取り）＝スキッパー（艇長）ではない。
→スキッパー

ベロシティー・シフト【velocity shift】
　急に風速が落ちてヨットが惰性で走り続けた時、真風向は変わらないのに見かけの風向が前に回ること。ベロシティー・ヘッダーともいう。

へんさ【偏差、variation】

一般的に偏差というと標準からのずれのことだが、船の上では磁北と真北との差をいう。地磁気の北は真の北とは少しずれている。そのずれが偏差だ。場所によって異なり、経年変化する。場所によっては真方位より10度以上もずれているので、見誤るとまったく異なる結果となる。
→じさ、コンパス

へんせいふう【偏西風】

北緯35度以北、南緯35度以南の地域で吹く西風。

ペンダント【pendant】

ペナント（pennant）ともいい、ホイストの足りないジブのラフ上下に付けるワイヤ・ロープのこと。あるいは、国際信号旗の数字旗や回答旗などの細長い台形の旗もペンダントという。

ベンチレーター【ventilator】

自然通風の換気装置。波飛沫は船外に排水できるようになっているものが多い。

ペンテックス【PENTEX】

高強度のポリエステルの商品名。ケブラーよりも安くてダクロン（通常のポリエステル）より強度、弾性率が高い。ということで、クラブレース用のセールに用いられる。

ベンド【bend】

1：曲げる、曲がる、しなること。マストの曲がり具合をいう場合によく使われる。

2：ロープの結び方のひとつ。主にロープ同士を結びつける方法。

ほ

ほ【帆】

セール。ヨット用語は、上（かみ）、下（しも）など、あえて日本語でいう方が通っぽいものも多いが、セールを「帆」という人はほとんどいない。なかなかいい言葉だとは思うが、最近のハイテク素材を使ったセールは帆のイメージからは遠いからか。
→セール

ホイール・ステアリング【wheel steering】

ティラー・ステアリングに対して、ステアリング・ホイールで操舵するシステム。
→ステアリング・ホイール

ホイール・テンショナー【wheel tensioner】

丸ハンドルをくるくる回してネジを出し入れし、テンションの調節をする装置。素早く動かせないが増力作用は大きいので、クルージング艇のバックステイなどに用いられることがある。

ホイスト【hoist】

1：吊り上げること。転じて、スピン・ホイストといったらスピネー

カーを展開するためにハリヤードを引き上げること。
2：セールの縦の寸法。フル・ホイストといえば、本来のマストにフィットするサイズを指す。ストーム用セールなどはフル・ホイストではない。

ホイッピング【whipping】
ロープの端止め。
→はしどめ

ほうい【方位】
北を基準として表す方向。その角度が方位角。ベアリング（bearing）ともいう。

ぼうえきふう【貿易風、trade wind】
赤道付近で温度の上がった空気が上昇し、そこへ南北から流れ込む風。地球の自転によって風向は転じ、北半球では北東風、南半球では南東風となる。貿易風が吹く帯域が貿易風帯。爽やかな響きがあるが、実際はけっこうな強風である。
→コリオリのちから

ボー・シャックル【bow shackle】
胴体が円形のシャックル。胴体部が板状のは板シャックルというので、こちらは棒シャックルだとばかり思っていた。それは筆者の勘違い。
→シャックル

ホース・クランプ【hose clamp】
ホースの継ぎ口を固定する金属製バンド。ホース・クリップ（hose clip）とも。特に船底に通じるバルブ付近では重要。

ボースン【boatswain, bo'sun】
甲板長。ヨットではクルー頭を指してこう呼ばれていた。最近は主にメインテナンスを担当するクルーをボートマネージャー、ボートキャプテンと呼び、これが以前のボースンに近いかも。

ボースン・チェア【bo'sun's chair】
マストに登って修理作業を行う場合に用いる、吊り上げ用の腰掛け。

ボーディング・ラダー【boarding ladder】
船から陸上に架ける乗り降り用の梯子、または板。ヨットやボートでは、岸壁との乗り降りというよりも、水中あるいは横付けしたテンダーからの乗り降りに用いるものをいうことが多い。トランサム・ラダー（transom ladder）ともいうが、transom rudderになるとトランサムに舵（ラダー）が付いたものになるのでご注意を。

ボート【boat】
1：一般的には小舟というイメージだが、遊びで使う船はかなり大きくてもボートと呼ばれる。全長5ftでも、50ft以上でも「ボート」だ。
2：艇体、ヨット自体のこと。
3：マークまでの距離などを表すときに使う艇長さ。1ボート＝1艇身。

ポート [port]

1：港。

2：船首方向を見て左側。左舷。取り舵（とりかじ）。

3：舷窓。船室にある右舷の窓はstarboard portとなるのでややこしい。

ポート・ストレッチ [port stretch]

マッチ・レースのスターティング・マニューバーで、ポート・タックのまましばらく走ること。回転するサークリングに対して、こういう。
→マニューバー、サークリング

ポート・タック [port tack]

左舷から風を受けて走っている状態。
→タック

ポート・ドロップ [port drop]

スピネーカーを左舷側に降ろすこと。

ボートフック [boathook]

長い棒材の先にフックがついたもの。押したり引いたり、ひっかけてたぐり寄せたり、なかなか万能。先端部をデッキブラシに付け替えられるものや、伸び縮み（テレスコープ）するものもあり。

ポートライト [portlight]

舷窓。ポート（port）、ポートホール（porthole）。

ポート・ロング [port long]

次のマークまで、スターボード・タックよりポート・タックで走る距離が長いこと。
→ロング・タッキング

ホープレス・ポジション [hopeless position]

相手艇が風下前方のセーフ・リーワード・ポジションに位置し、そのままでは追い抜く望みのないポジション。または相手艇のブランケット・コーンに入った状態をいうこともある。

ポーラー・ダイアグラム [polar diagram]

ヨットにおけるポーラー・ダイアグラムは、真風向における船速を曲線で表したもの。データはVPP（速度予測プログラム）から導かれたもので、真風速ごとにグラフができる。

ボーライン・ノット [bowline knot]

もやい結び。ヨットにおける基本の結索法のひとつ。輪をつくる結び方で、輪の大きさは変わらず、強い力で引いても解けず、解きたい時はすぐ解ける。『ヨット、モーターボート用語辞典』ではボーリン・ノットが正しいとある。確かに英語圏のセーラーの発音を聞くとボーリンにも聞こえるが、筆者の周りの日本人でボーリンと発音する人はいないということも付け加えておく。

ポール [pole]

ヨットの上でポールといったら、スピネーカー・ポールのこと。いちいちスピネーカー・ポールとか、スピン・ポールとはいわない。単に「ポール・セット」、「ポール・バック」だ。ただし大型艇になると、アフターガイに角度を付けるため、横方向に押し出すジョッキー・ポール（jockey pole）を使うこともある。この場合は「ジョッキー」と略される。また、小型の艇でマストを立てる時に使う短い支持柱をジン・ポール（gin pole）という。
→ジョッキー・ポール

ポール・エンド【pole end】
　スピネーカー・ポールのエンドのこと。アフターガイを挟む方のエンドに付いている金具をパロット・ビークという。エンド・トゥ・エンド・ジャイビングの場合は、スピネーカー・ポールの両端は同じ艤装になっている。
→パロット・ビーク、エンド・トゥ・エンド・ジャイビング

ボール・ターミナル【ball terminal】
　ターミナルの種類のひとつ。ボールといっても先端はT字型をしており、これをマストなどの金物の長穴に入れて90度捻って留める。ティー・ターミナル、ティー・ボール・ターミナルとも。
→ターミナル

ホールディング・タンク【holding tank】
→サニタリー・タンク

ポール・バック【pole back】
　スピネーカー・ポールの先端を後ろに移動させること。セーリング・クルーザーでは、フォアガイをゆるめて、アフターガイを引くという手順になる。

ボール・バルブ【ball valve】
　シーコックのバルブ形状のひとつで、従来のスルース・バルブ（sluice valve）に代わり、現在はほとんどこのタイプがプレジャーボートに使われている。ボール弁を用いており、レバーを90度回転させることで開け閉めできる。

ポール・フォア【pole fore】
　スピネーカー・ポールの先端を前に移動させること。アフターガイを出して、フォアガイを引く。ポール・フォワードともいう。

ほき【補機】
　補助機関の略。モーターボートでは推進機関（主機）以外の発電機などを指す。ヨットの場合は微妙で、セールが本来の推進方法であるとして、推進用のエンジンも補機ということがある。

ほじりょく【保持力】
→はちゅうりょく

ほしんせい【保針性】

風や波で次々に船首を振られる中で、舵を用いてコースを修正しながら一定の針路を保つ能力のこと。船自体の性質だけでなく、操舵員を含む操舵機構の性能にも依存する。

ボックス・ルール [box rule]

ヨットの長さ、幅、セール面積などに枠（box）を設け、その範囲内で自由な艇を設計、建造し、着順勝負でレースを行うためのルール。枠の幅をどんどん狭めていくと、ワンデザイン・クラスに近くなる。
→げんていきかくきゅう、ワンデザイン・クラス

ボトム [bottom]

1：船底。底。
2：海底、湖底、川底。

ボトム・マーク [bottom mark]

風下マークのこと。
→トップ・マーク

ボブステイ [bobstay]

バウスプリットとステムを結ぶ補強材。
→バウスプリット

ホブル [hobble]

風上マークなどで、スピネーカーを展開する際に、ジブシートを仮止めする短いロープ。スピネーカーシート用にジブシートで使っているウインチを開けるために用いる。馬の足かせの意。

ボラード [bollard]

係船用の頑丈な柱。ビットも似たようなものだが、ヨットやボートではあまりみかけなくなってしまったので、形状による呼び名の違いが曖昧になっている。

ポリウレタン [polyurethane]

分子内にウレタン結合をもつ高分子化合物の総称。塗料や合成樹脂の原料。

ポリウレタン・フォーム [polyurethane foam]

ポリウレタン樹脂を発泡させたもの。浮力体やクッション、サンドイッチ構造の心材（コア）など、広く用いられる。

ポリエステル [polyester]

多価アルコールと多価カルボン酸との重縮合により生ずる高分子化合物の総称。……というと難しいが、デュポン社はダクロン、帝人はテトロンの商標名をもち、衣類を始めさまざまな用途で用いられている。防寒着としてなくてはならない存在となったフリース素材もポリエステルを加工して作ったもの。ヨットにも、その繊維はロープやセール・クロスなどに広く使われているし、セール・クロスのラミネートに用いられるマイラー・フィルムもポリエステル製。FRPでガラス繊維に含浸させるのも不飽和ポリエステル樹脂。

ポリスチレン・フォーム [polystyrene foam]

ポリスチレン樹脂の発泡材。いわゆる発泡スチロール。溶剤に溶けてしまうので、サンドイッチ構造のコアには適さない。

ホリゾンタル・カット [horizontal cut]

セールのクロス配置のひとつ。縫い目（シーム）が水平になるという意味だが、実際はリーチに対して直角になるので完全に水平ではない。
→クロス・カット

ボルトロープ [boltrope]

セールの縁に縫いつけられたロープで、ここがマストやブームの溝（グルーブ）にはまる。

ホロー [hollow]

へこみ。セールのラフやリーチが内側に曲がっていればホロー・カーブ、船底部に（設計上の）へこみがあればそれもホローという。

ボンク [bunk]
→バンク

ほんせん [本船]

一部のプレジャーボート関係者が俗語として使用する、一般船舶のこと。漁船やプレジャーボートは、その範疇に入らない。一般船舶の通るコースを本船航路ともいうが、こちらも誤用。正しくは航路（fair way）または常用航路（shipping lane）。本来は、商船などに乗り組む船員が、自分が乗る船を指すときに使う言葉で、「本船は原油を運んでいる」というような使い方をする。また、地域によっては、本部船を本船ということもあるようだ。

ポンツーン [pontoon]
→うきさんばし

ボンテン

漁具の存在を示すための標識で、竿の付いた浮き球。浮き球だけでもボンテンと呼んでしまったりしている。ちなみに、耳かきの先に付いている毛玉もボンテンというそうだ。

ほんぶせん [本部船]

ヨット・レースの海上本部となる船。通常はスタート・ラインの右側に陣取り、信号旗などを掲揚するなどしてレースを運営する。コミティー・ボートともいう。

ま

マーク [mark]

ヨット・レースでの回航地点、スタート・ラインの目印など。空気で膨らませたブイが用いられることが多く、アンカーで定位置に固定する。

マーク・ボート [mark boat]

ヨット・レースにおいて、本部となる本部船に対し、マーク設置の役を負う運営艇。回航順位や、ケースのチェックを行うこともある。

→ケース

マーク・ラウンディング [mark rounding]
風上マークや風下マークを回り込むこと。スピネーカーを装備する艇種では風上マークでスピネーカーを展開し、風下マークでスピネーカーを降ろす。クルー・ワークの見せ場。

マイクロバルーン [microballoon(s)]
数十ミクロンの大きさの中空の球形体で、軽量の物体。樹脂に加えて、耐久性を改善したり増量の目的で使われる。

マイラー [MYLER]
デュポン社のポリエステル・フィルムの商品名。ケブラーなどを用いたセール・クロスのラミネート用に使われている。

マイル [mile]
1,852メートル。海里。緯度の1分が海面で成す長さを1 sea mileと呼ぶが、地球は完全な球体ではないので緯度によって1 sea mileの長さは微妙に異なる。そこで、その平均値を1,852メートルとして国際的に統一したのが国際海里（international nautical mile）。陸上のマイル（1,609メートル）とはまったく違うので注意。米国製モーターボートには「陸マイル／時」で表示するスピードメーターが付けられていることも珍しくない。
→かいり

まおって [真追手]
船の真後ろから風を受けること。

マキシボート [maxi-boat]
特大のヨット。正式な定義はないが、あるレーティング・システムにおける最大艇を指すことが多い。2006年現在でマキシといえば、全長100ft程度のIRCレーサーをいう。それに対して、全長70ft台をポケット・マキシという。
→アイ・アール・シー

まきむすび [巻き結び]
→クラブ・ヒッチ

まぎる [間切る]
→ビート

マグネット・コンパス
→磁気コンパス

まぐろ [鮪]
船酔いで起きあがることもできない状態。魚河岸のまぐろに例えられた俗語。

マスト [mast]
帆柱。

マスト・クランプ [mast clamp]
レーシング・ディンギーのマストがデッキを貫通する部分で、マストを前後に押したり引いたりしてベンド（mast bend）を調節する金物。
→ベンド

マスト・ジャッキ【mast jack】

大型艇になると各スタンディング・リギンにかかるテンションは相当のものになる。ターンバックルで締め込むのはやっかいだし、焼き付きなどのトラブルの元でもある。そこで、マスト・ステップの部分に油圧のジャッキを設け、1インチほどのスペーサーを入れたり抜いたりする。スペーサーを抜くことによりリグ全体のテンションを下げ、その上でターンバックルでリグの調整をし、再びジャッキアップしてスペーサーを入れてリグにテンションをかける。もちろん普段はジャッキを外してスペーサーだけを入れておくから安全……というシステム。

マスト・ステップ【mast step】

1：マストが乗る台座。
2：マストを昇り降りするための足がかり。

マスト・タング【mast tang】

ステイ、シュラウドをマストに取り付ける金具。
→タング

マスト・チューニング【mast tuning】

マストの調整。安全のみならず、ボートスピードを高める重要な要素。横方向にはまっすぐに、前後方向には傾けてみたり曲げてみたりと、奥が深い。

マスト・チョック【mast chock】

マストとマスト・パートナーの隙間に入れるクサビ。あるいは樹脂を流して固めることもある。
→マスト・パートナー

マストとう【マスト灯、masthead light】

マストヘッドに付ける航海灯。
→こうかいとう

マスト・パートナー【mast partner】

マスト・ホールの補強枠組み。

マスト・パルピット【mast pulpit】

大型のクルージング艇にみられる、マスト周辺にある手すり（パルピット）。

マスト・ハンド【mast hand】

バウマンのすぐ後ろのポジション。マストマン。マスト部でハリヤードのホイストを担当し、バウマンやピットマンの手助けをする。
→バウマン、ピットマン

マスト・ヒール【mast heel】

マスト下端のこと。そこにつく金物。バット（butt）ともいう。

マスト・ブーツ【mast boot】

スルーデッキ・マストとマスト・パートナーの隙間から水が漏れないようにするカバー。マスト・ブーツを留める金属バンドがマスト・カラー（mast collar）だという意見もあるようだが、マストが通るデッキの穴あるいはその立ち上がり部分をマ

スト・カラーと呼ぶのが一般的だと思われる。
→スルーデッキ・マスト、マスト・パートナー

マストヘッド [masthead]
マスト上端。マストトップ。

マストヘッド・ユニット [masthead unit]
マストヘッドに取り付ける風向・風速計のセンサーのこと。

マストヘッド・リグ [masthead rig]
フラクショナル・リグに対し、マストの上端からフォアステイを取るタイプのリグ。
→フラクショナル・リグ

マスト・ベンド [mast bend]
主に前後方向のマストの曲がり。横方向はサイド・ベンドとして区別する。
→ベンド

マストマン [mastman]
→マスト・ハンド

マスト・レーキ [mast rake]
マストの傾き。横方向には真っ直ぐ立てるのが常識であるので、通常は前後の傾きをいう。わずかにアフトレーキ（後ろへ傾く）させることが多い。

マッシュルーム・アンカー [mushroom anchor]
アンカーの種類のひとつ。マッシュルームのような形をしている。

マッシュルーム・ベンチレーター [mushroom ventilator]
ベンチレーターの種類のひとつ。やはりマッシュルームのような形をしている。

マッチ・レース [match racing]
一度に多数のヨットが競うフリート・レースに対し、1対1で競うレース形式。総当たりで予選を行い、決勝トーナメントに進むなどして順位を決める。

マニホールド [manifold]
内燃機関の吸排気用の管。

マニューバー [maneuver]
操船。英和辞典によると「軍隊、艦隊などの機動作戦、作戦行動」あるいは「巧妙な手段、術策、策略」。ヨットでは「スタート前のマニューバー」といえば、その船の動きをいい、これには他艇との駆け引き（術策、策略）が含まれている。マヌーバーと発音することもあり。

まのぼり [真上り]
タッキングを繰り返しながら風上に向かって進むこと。
→ビート

マホガニー [mahogany]
熱帯の常緑高木。赤黒色の木目が

美しく堅牢で水に強いことから、チークと並んで高級内装材として用いられる。

マリーナ 【marina】
　プレジャーボート用の港。ヨット・ハーバーとの言葉の使い分けは曖昧。

マリン・トイレ 【marine toilet】
　船の上ではトイレ（便所）はヘッド（head）だが、ヨット、ボート用の便器を日本ではマリン・トイレと呼ぶことが多い。英語では、船用の便器もヘッド（head）だ。

マリン・ブイ・エイチ・エフ【マリンVHF】
→ブイ・エイチ・エフ

マルコーニ・リグ 【marconi rig】
　セールのラフをマストに固定した三角形の帆を張る帆装。バミューダ・リグとも呼ばれた。現在ではほとんどのヨットがこれで、ジブを持つ2枚帆のスループは、正確にいえば、マルコーニ・リグド・スループになる。

マルチハル 【multihull】
　多胴艇。双胴艇（カタマラン）、三胴艇（トライマラン）のように複数の船体を横につないだ形式のヨット、ボート。保管場所の問題からか、この分野では日本はかなりの遅れをとっている。クルージング用のマルチハルは、広くて揺れないキャビンが魅力。レーシング用のマルチハルヨットは、その絶対スピードに驚かされる。
→モノハル

マン・オーバーボード 【man overboard】
　落水。GPSレシーバーにMOB（Man Overboard Button）というボタンが付いていたら、落水者発生時に直ちに押すボタン。以後、落水地点までの方位と距離を表示し続ける。

み

ミート 【meet】
　船と船が出会うこと。特にヨット・レースで2隻が交差する時に用いる。

みかけのかぜ【見かけの風】
　アパレント・ウインド。無風状態の時でも、船が走ると前から風を受ける。これが見かけの風。風を受けて走るヨットも、自分が走ることによって生じる風と実際に吹いている風を合成したものを艇上で感じている。クローズホールドでは風は強く感じ、ランニング時には弱く感じる。
→しんのかぜ

ミジップ【midship】
　ミッドシップ。船の中央。通常は前後方向の中央をさす。操舵号令においては「舵中央」を意味する。

みず【水】
　水面上の余地のこと。ルームとも

いう。一般的にも差を広げることを「水を空ける」というが、その水だ。ヨット・レースではマーク回航などの際、他艇に対して必要なスペースを要求できる場合があるが、その場合、日本語では「水くれ」ということになる。喉が渇いているわけではないので、飲料水を用意してあげる必要はない。

みずぶね【水船】

船内に水がいっぱいに溜まってしまい、しかし、それでもなんとか浮いている状態。

ミズンマスト【mizzenmast】

ケッチやヨールの後ろのマスト。ミズンマストの後ろに張る三角帆がミズン（mizzen, mizen）、前に張るのがミズン・ステイスル（mizzen staysail）

みつうちロープ【三打ちロープ】

ロープは大きく分けると、撚り合わせたものと編み込んだものに分けられる。3本のストランドを撚り合わせたロープが三打ちロープ。三つ撚りロープともいう。編み込んで作られたロープ（ブレード・ロープ）に比べると伸びが大きいが、その伸びがショックを吸収するのでアンカー・ロープなどに使われる。
→ストランド、ブレード・ロープ

ミッドシップ【midship】
→ミジップ

みとおしせん【見通し線】
→トランジット

む

ムアリング【mooring】

船を係留すること。係船用のロープはムアリング・ロープ。係船用に常設されたブイはムアリング・ブイ。モーリングという発音が近い。

むかえかく【迎え角】

アタック・アングル。迎角。
→アタック・アングル

むしこうせいむせんひょうしき【無指向性無線標識】

無線標識のうち、あらゆる方向に電波を発信する局で、受信機の側に指向性の高いアンテナを用いることで方位を知る。対して、指向性無線標識では、電波を発する側で指向性の高いアンテナを回転させながら運用する。

め

メインシート【mainsheet】

メインセールを調整するためのロープのひとつ。主にメインセールの開き具合、リーチの形状を変える。
→シート

メインシート・トラック【mainsheet track】

メインシート・トラベラーが設置されるレール。
→メインシート・トラベラー

メインシート・トラベラー
【mainsheet traveler】

　メインシートのリード角を調節するための可動式のブロック台座。これが乗るのがメインシート・トラック（mainsheet track）で、ひっくるめてメインシート・トラベラー・システム。メントラと略されることもある。
→トラベラー

メインセール
【mainsail】

　マスト後方、ブームの上に展開するセール。俗称はメンスル、メイン、メンなど多数。メンチャンという言い方もきわめて一般的であるが、由来は不明。ジブはジブチャンとはいわない。

メーデー【mayday】
　遭難信号発信時の呼び出し。
→そうなんしんごう

メジャメント【measurement】
　艇体やセールの計測。あるいは、セーリング・クルーザーがハンディキャップを得るための計測のこと。

めすがた【雌型】
　FRPなどの成形に用いる型（モールド）のうち、凹の内側を用いるもの。凸がオス、凹がメスなのでちょっとエッチな感じもするが、英語でもフィメール・モールド（female mold）という。

→おすがた、モールド

メッセンジャー【messenger】
　マストにハリヤードを通す際のガイドにする細いロープのこと。

メルカトルずほう【メルカトル図法】
　地図の作図法のひとつ。海図では一般的にもちいられる方法。地球は丸いので、緯度の線と経度の線は直行していないが、それを直行するように描く図法。加えて緯度の間隔も合わせて拡大してあるところがミソで、どこでも角度が正しく表示される。代わりに距離は緯度が高くなるにつれて長く表示される。

も

モーター・クルーザー【motor cruiser】
　セールを持たないモーターボートのうち、キャビンを備えたもの。

モーター・セーラー【motor sailer】
　大きめのエンジンを積んだセーリング・クルーザー。一般的なセーリング・クルーザーと比較すると、機走性能は高いが帆走性能は劣るものが多い。モーターボートなのか、セールボートなのかといえば、セールボートの一種。

モールド【mold (米), mould (英)】
　型。鋳型やひな形などいろいろあるが、ヨットやボートの世界ではFRPの積層に使われるモールドが一般的。凹のメス型、凸のオス型に分

けられるが、メス型をモールド、オス型をプラグと使い分けることもある。

モールド・セール [mold sail]

パネル・セールに対して用いられる言葉で、セール形状をしたモールドの上にフィルムを置き、上から必要な場所に必要な繊維を配置してラミネートさせたもの。ノースセール社の3DLセールを指す。
→スリー・ディー・エル

もくせん [木栓]

スルーハル金物に不具合があって浸水が発生した場合などに使う木の栓で、ISAF-SRに規定された安全備品でもある。プラグ。
→エス・アール、プラグ

モニター

シンカー、アンカー・ロープを沈めるための重りの日本での俗称。
→アンカー・ウェイト

モネル・メタル [Monel]

ニッケル60〜70％、銅26〜34％を主体とする合金（alloy）の商品名。リベットなどに使われる。

モノハル [monohull]

複数の船体を持つマルチハルに対して、船体が1つの普通の船のこと。
→マルチハル

もやいむすび [舫い結び]

→ボーライン・ノット

もやう [舫う]

船を係留すること。そのためのロープは舫い（もやい）ロープ、舫い索（もやいさく）、係船索という。

や

ヤードスティック・ナンバー [yardstick number]

セーリング・ディンギー用のハンディキャップ・システム。ポーツマス・ヤードスティック・ナンバー（Portsmouth yardstick number）のことをいう。

ヤーン [yarn]

繊維（fiber）を紡いだもの。糸。

やしろあき [八代亜紀]

1971年にテイチクより『愛は死んでも』でデビューした、歌がものすごくうまい歌手。『舟歌』、『おんな港町』など、海にまつわる男と女を歌わせたら天下一品の乙女座。

やつうちロープ [八つ打ちロープ]

三つ打ちロープが3本のストランドを撚ったロープであるのに対し、こちらは8本のストランドを編んだロープ。伸びるが、柔らかくて拠れにくい。アンカー・ロープや係船索に用いられる。
→ストランド

やりづけ [槍付け]

岸壁などに係留する際、船首を岸壁側に直角に付けて係留索を取り、船尾は海側に錨を打つなどして固定する方法。港口に対して船尾を向けた状態で係留する「入船（いりふね）」とは区別する。日本ではバウ・ツーといわれるが、海外では「バウ・ファースト（bow first）」というのが一般的。
→ともづけ

ヤンキー、ヤンキー・ジブ
[Yankee, Yankee jib]

ハイカット（クルー（clew）の高い）のジブ。カッター・リグ（cutter rig）でステイスルの前に張り、駆動力が大きい。

ゆ

ユー・エル・ディー・ビー [ULDB]

超軽排水量艇（Ultra Light Displacement Boat）。長さの割に非常に軽量なヨットのことで、幅が狭くセール・エリアを小さくしてバラスト重量を減らしたものが多い。

ゆうぎょせん [遊漁船]

商業目的で魚を捕る漁船に対し、遊びとして魚を釣らせることを仕事とする船。釣り船。

ユーブイ・クロス [UV cloth]

紫外線（ultraviolet）に強い布地。ブーム・カバーなどに使われる。ファーリング・ジェノアのリーチ部分も日に焼けないようにUVクロスが使われることもある。巻き込んだ状態でも、リーチの部分は外に出ているため、紫外線から保護する必要があるのだ。
→クロス、リーチ

ユーベンド [U-bend]

海水の逆流を防ぐためなどのために、一旦持ち上げて逆Uの字になった配管。

ゆきあし [行き足]
→いきあし

ユニバーサル・ジョイント
[universal joint]

あらゆる方向に稼動する継ぎ手。ティラー・エクステンションとティラー本体の間に使われたりする。

よ

ようこうひ [揚抗比]

セールやキールから発生する揚力と抗力を比べた比。発生する抵抗の割に大きな揚力が生じるような形状は揚抗比が大きくなる。

ようそろ [宜候]

針路を維持すること。ステディー（steady）を意味する日本語。「（もはや転舵は）よろしゅう候」、あるいは「そのままの針路で宜しく候」という大昔の操舵号令が語源だとされる。
→ステディー

ようりょく【揚力】
　流体の中におかれた物体が、ある条件になった時に、流れに直角に生じる力。

ヨーイング【yawing】
　動揺のひとつ。船首を左右に振る運動。

ヨール【yawl】
　2本マストで前のマストが後ろのマストより長いリグ。ケッチとの違いは曖昧。
→リグ

よこくしんごう【予告信号】
　ヨット・レースにおいて、まもなく準備信号が発せられるということを予告する信号。

よこづけ【横付け】
　船を岸壁や他船と平行に舫（もや）うこと。アロングサイド（alongside）。船同士の横付けを慣用的にサイド・バイ・サイド（side by side）、略してサイド・バイともいう。

ヨット【yacht】
　帆に風を受けて走る船（セールボート）のみならず、個人で所有する小型の客船をメガ・ヨットと称するように、業務では使わない趣味やスポーツで乗る船艇を広くヨットと呼ぶ。ただし、日本ではマストにセールを展開して走る小型帆船を指し、モーターボートとは区別されることが多い。本書でも、セールボートを単にヨットと記している部分が多い。外洋ヨットといえばセールで走る外洋艇、ヨット・レースといえばセールボートによるレース、ヨットマンといえば、セールボートに乗る人である。
→セールボート

ヨット・クラブ【yacht club】
　ある階層以上の人しか入会できないような排他的なものから、日本に見られるようなヨットの係留場所をともにする人々による町内会的な組織まで、雰囲気や目的はさまざま。ヨットが好きな人の集まり。帆走に重点をおくクラブが多いが、モーター・クルーザーを含む場合もある。

ヨットマン【yachtsman】
　ヨット愛好家。ヨットに乗る人。この場合のヨットは、セールボートを指す。ヨットマンというと何かこそばゆい気もするので、「ヨット乗り」と自称することが多い。ジェンダーフリーな米国人女性に「ヨットパーソン（yachtsperson）というべきだ」といわれたことがある。セーラー（sailor）と呼ぶのも一般的。ヨッティーともいうが、どちらかというとクルージング・セーラーを指すような風潮ある。

よびふりょく【予備浮力】
　静止状態で水に浸かっていない部

分の浮力。

ヨンナナマルきゅう
【470級、International 470 class】

オリンピック種目にもなっている、全長4.70メートルの2人乗りディンギー。発祥はフランス。スナイプ級とともに、大学生を中心に日本でもっとも普及しているセーリング・ディンギーのひとつ。略称はヨンナナ、英語ではフォー・セブンティ（four-seventy）。

ら

ライ・アハル、ライイング・アハル
【lie ahull, lying ahull】

荒天時に、セールをまったく揚げずに、あるいは小さなセールのみを揚げて漂うこと。ヒーブ・ツーとの違いは曖昧だが、いずれにしても荒天をやり過ごすための手段で、積極的に走っていない状態。

ライト・ジェノア 【light genoa】

軽風用のヘッドセール。オーバーラップ・ジブを持たないワンデザイン艇でも一番軽風用のセールはライトという。
→ジェノア

ライト・スポット 【light spot】
→ラル

ライフ・ジャケット 【life jacket】

救命胴衣。ライフ・ベスト、ライジャケ、ライジャともいう。溺れないように身につけるものだが、船が沈みそうになった時に始めて身につけるものと、日常的に身につけるものは分けて考えた方がいいような気がする。米国の通販カタログなどをパラパラと見ていると、どうもそのへんを分けてラインナップされているようにも見える。また、ライフ・ジャケットは安全規則やISAF-SRなどによって、その最低浮力が定められている。それに満たないものをフローティング・ジャケット（floating jacket）と呼び分けることもある。

ライフスリング 【Lifesling】

落水者を確保（というより捕獲）し、引き上げるための道具の商標。形は救命浮環に近いが、役割はヒービング・ラインに近い。
→ヒービング・ライン

ライフライン 【life-line】

落水を防ぐため、デッキ・サイドに張り巡らされたワイヤ。ISAF-SRで、高さや張り具合、ライフラインを支えるスタンションの間隔などがルールで決められている。
→スタンション

ライフ・ラフト 【life raft】

救命筏。筏（いかだ）といってもヨット用のものは膨張式の屋根付きゴムボート。
→きゅうめいふき

ラ

ライフリング 【life-ring】
→きゅうめいふかん

ライン 【line】
　ロープ類の別称。英国では、ロープの細いものをラインと呼んでいたようだが、米国ではロープがなんらかの用途に使われるとラインになるようだ。ロープを係船に使えばドック・ラインになる。
→ロープ

ラインズ 【lines】
　船体の形状（shape）を表す線、また線図のこと。「ライン図」ではなく、「ラインズ（lines）」。日本語では船体線図。

ラウンド・アン・エンド
【Round-an-End Rule】
　レース・ルール（RRS）で定められた、ヨット・レースのスタート手順に関するルール。
→アール・アール・エス

ラウンドロビン 【round-robin】
　総当たり戦（round-robin tournament）。……というと、フリート・レースも総当たり戦といえば総当たり戦だが、こちらはマッチ・レースの予選などで使われる1対1のレースを総当たりで行うこと。

ラグーン 【lagoon】
　サンゴ礁に囲まれた内水面。礁湖。楽園である。天然の砂州などに囲まれた湖沼もラグーンというが、こちらは楽園というほどでもない。

らくすい 【落水】
　人が、船から水中に落ちること。マン・オーバーボード（man overboard）。

ラジアル・カット 【radial cut】
　セールのパネル配置の方法のひとつ。各パネルがピークやクリューから放射状に配置されたもの。

ラダー 【ladder】
　梯子。日本語にすると、トランサムに付いている梯子も舵もトランサム・ラダーになってしまうのでややこしい。

ラダー 【rudder】
　舵。主として船尾水中に取り付けられる、船の向きを変えるための平面または翼型断面を持つ板。軸によって左右に回転させ、回頭や直進安定性を保ち、横流れを抑える役目も負う。また、操舵装置すべてをひっくるめて舵という場合もある。

ラダー・シャフト 【rudder shaft】
　ラダーの心棒。ここを軸として回転する。舵軸、舵柱、ラダー・ストック（rudder stock）ともいう。
→ラダー

ラダー・ストック 【rudder stock】
→ラダー・シャフト

ラダー・ブレード [rudder blade]

舵板。ラダーの板の部分を特定する言葉。

ラダー・ヘッド [rudder head]

ラダー・シャフトの上端部。ティラー・ステアリングはもとより、ホイール・ステアリングでも応急ティラーがすぐに取り付けられるようにデッキ面（またはコクピット床面）まで出ている。
→ラダー・シャフト

ラダー・ポスト [rudder post]

ヨットでは一般的にラダー・シャフトを通す船体側の筒を指す。中にベアリングが入り、水密をはかるためにデッキ面（またはコクピット床面）まで、あるいはその近くまで立ち上がっている。造船用語では、舵柱を指す。
→ラダー・シャフト

ラダーリング

ラダーを繰り返し左右にきって、船を進めること。スカリング（sculling）の和製英語らしいが、こちらの方がよく使われる。

ラチェット・ブロック [ratchet block]

逆転防止機構が付いたブロック。レバーを切り替えるとラチェットが外れる。力が掛かっている時だけラチェットがかかるものもある。

ラッシング [lashing]

ロープなどで固縛すること。

ラット

舵輪。オランダ語のradからきた日本語訛りらしい。カステラとかコロッケみたいなものである。
→ステアリング・ホイール

ラニヤード [lanyard, laniard]

ライフラインや、セーリング・ディンギーのステイなどをピンと張るために使う細いロープ。これを何周か回して締め上げる。ハンドコンパスなどを首からぶら下げる時に付ける短いロープもラニヤードという。

ラフ [luff]

1：セールの前縁。→巻末図
2：風上に向かって方向を変えること。→のぼる

ラフ・アップ [luff up]

単にラフ（luff）というのと同じ。風上へ針路を変えること。対語はベア・アウェイ（bear away）。
→ラフ

ラフィング [luffing]

風上に針路を変えること。ラフすること。
→ラフ

ラフィング・マッチ [luffing match]

ヨット・レースの戦術のひとつ。ダウンウインド・レグで風上側から追い抜こうとする相手艇に対し、ラ

ラ

フィングして攻撃すること。風上艇はこれを避けなくてはならない。
→ラフ

ラフ・スライダー [luff slider]
主に、メインセールのラフに付き、マストのグルーブ内を上下に移動する駒。ボルトロープに対し、ラフ・スライダーではセールを降ろしてもスライダーはグルーブ内に付いたままなので、降ろしたセールがばらけることはない。
→バットカー

ラフ・テープ [luff tape]
セールのボルトロープに被せ、セールに縫いつける布テープ。
→ボルトロープ

ラフト [raft]
筏（いかだ）。ライフ・ラフトの略称。
→ライフ・ラフト

ラブ・レール [rub rail]
船体に取り付けられた防舷材。

ラフ・ワイヤ [luff wire]
ジブのラフに通したワイヤ・ロープのこと。

ラム・ライン [rhumb line]
メルカトル図法による海図上で、2点間を直線で結んだ線。航程線。東西方向に長い距離になると最短コースではないが、沿岸部にあっては最短コースといえる。
→メルカトルずほう、たいけんこうろ

ラル [lull]
一時的に風が弱まること。風の弱い場所。小やみ。「ラルった」などと使う。
→パフ、ブロー、パッチ

ランチ [launch]
端艇、通船、交通艇。国によっては、キャビン付きモーターボートを指す場合もある。

ランドフォール [landfall]
まったく陸地が見えない航海が続いた後、初めて陸地を視認すること。

ランナー [runner]
1：ランニング・バックステイ。
2：ランニング用のスピネーカー。ドラフトは深くショルダーが張っていてパワーがある。
→ランニング・バックステイ、スピネーカー

ランナー・マン [runner man]
ランニング・バックステイ担当のクルー。単にランナーといわれることもある。

ランニング [running]
1：後ろから風を受けて走ること。ラン。
2：袖がなく、襟ぐりの深いシャ

ツ（ランニングシャツ）の略。レースヨットのクルーはどんなに暑くても、何故かこれを着ない。

ランニング・バックステイ
[running backstay]
　フラクショナル・リグ艇においてフォアステイのテンションを負担するバックステイで、左右一対装備され、風上舷のみ利かせる。スウェプトバック・スプレッダーを持つ艇には省略されることが多い。また、マストヘッド・リグ艇ではチェックステイの役目をはたす。ランナー、ランバクとも。
→バックステイ、スウェプトバック・スプレッダー

ランニング・フィックス [running fix]
　地文航法や天文航法で位置を求める方法のひとつ。最初に求めた位置の線を、平行移動させ、次に取った線と重ねる。太陽を用いた天文航法では、午前中に取った位置の線（ほぼ南北方向になる）と、昼に取った位置の線（ほぼ東西方向になる）を重ねて位置を出す。

ランニング・リギン [running rigging]
　動索。スタンディング・リギン（静索）に対して、セールやスパー（spar）などをコントロールするために動かすロープ類のこと。通常、単に「リギン」といえば、スタンディング・リギンを指すことが多い。
→スタンディング・リギン、リギン

り

リー [lee]
　風下。下（しも）とも。「風下側へ」、「風下側の」はリーワード（leeward）で、双方の違いは曖昧。風下マークはリーワード・マーク。風下側のヨットはリーワード・ボート。海事英語ではリーワードではなくルーアードが正しいらしいが、リーをルーとはいわないようだ。

リーウェイ [leeway]
　風で船が横流れすること。ヘディングと実際のコース（COG）の違いは潮によっても起きるが、リーウェイというと風によって風下へ流されることをいう。

リー・クロス [lee cloth]
　ヨットがヒールしたときに、寝床から転がり落ちないようにするための布。ボンク・ボードもほぼ同義。

リー・サイド [lee side]
　風下側、風下舷。

リーチ [leech]
　セール後縁。
→巻末図

リーチ・コード [leech cord]
　セールのリーチのばたつきを抑えるために縫い込まれた細いロープ。片方にはクリートが付いていて、ばたつきがなくなる程度に引き込んで

使う。フット・コードも、フットにおいて同様の役目を果たす。
→フット・コード

リーチャー [reacher]
　リーチング用のセール。浅く肩の張っていないスピネーカー。または、クリューが高い位置にあって、リーチングでセールを出して走ってもクリューが水に浸からないようになっているジブ。こちらはジブ・トップともいう。
→クリュー、ジブ・トップ

リーチ・リボン [leech ribbon]
　主にメインセールのリーチ（バテン・ポケットの後端）に縫いつけたリボン状の風見。

リーチング [reaching]
　アップウインドやダウンウインドでは、ヘディングは直接目的地を向いていないが、それ以外、目的地がヘディング方向にある状態で真っ直ぐ目的地まで走っていける状態をリーチングという。クローズホールドに近いのがクローズリーチ。風が真横から吹いていればビームリーチ。斜め後ろからならブロードリーチ。同じリーチングでも、雰囲気は大きく異なる。

リーチング・マーク [reaching mark]
　サイド・マーク。
→サイド・マーク、トライアングル・コース

リーディング・エッジ [leading edge]
　翼の前縁。
→トレーリング・エッジ

リー・バウ・タッキング [lee bow tacking]
　ヨット・レースにおける戦術のひとつ。アップウインドでのミートで、タッキングして相手艇の風下前方（lee bow）に位置すること。セーフ・リーワード・ポジションになるので、相手艇はタッキングを余儀なくされる。
→セーフ・リーワード・ポジション

リーフ [reef]
　風の強さに合わせて、セールの面積を減じること。縮帆。メインセールには、1（ワン）ポイントと2（ツー）ポイント、あるいは3（スリー）ポイント、本格的な外洋艇では4（フォー）ポイントまであることも。それぞれ、ワンポン、ツーポンと略称されることが多い。数が増えるほど、セールの面積は小さくなっていく。ジブにも同様にリーフできるものがあるし、またジブ・ファーラーを途中まで巻き込んで使うときもリーフと呼んでいる。
→ワンポン、ツーポン、ジブ・ファーラー

リーフ・アイレット [reef eyelet]
　前後のリーフ・クリングル間に設けられた、セールに開けられたいくつかの穴。ここに雑索を通して、セールをブームに結びつける。旧来、

そのための雑索は常にリーフ・アイレットに通してあり、これをリーフ・ポイントと呼んだ。
→リーフ・クリングル

リーフ・クリングル [reef cringle]
　リーフのためにセールの前縁と後縁に1つずつ設けられた穴。ここにリーフ・ラインを通して引き込むことで、セール面積を減じる。

リーフ・バンド [reef band]
　リーフ・ポイント部のセールの補強。帯状にラフからリーチまで貫くのでこう呼ばれるようだが、慣用句として使われることは少ない。

リーフ・ポイント [reef point(s)]
　リーフ・クリングルをこう呼んでいることもあるが、正しくはリーフして余った部分のセールをまとめておくためにリーフ・アイレットに通した細いロープのこと。
→リーフ・クリングル、リーフ・アイレット

リーフ・ライン [reef line]
　メインセールのリーフの際、リーフ・クリングルに通して引き下ろすためのロープ。リーフ・ロープ、リーフ・ペンダント（pendant）ともいう。通常はリーチ側だけに用い、ラフ側は手で引き下ろす。

リー・ヘルム [lee helm]
　ウェザー・ヘルムの逆で、舵を真っ直ぐ持っていると船首が風下へ向かう傾向。クローズホールドでは適度なウェザー・ヘルムが出るように、マスト・レーキを増やす（後に倒す）などの調整が必要だ。
→ウェザー・ヘルム、マスト・レーキ

リーボード [leeboard]
　1：リークロス。→リークロス
　2：あまり見かけないが、センターボードに類似した横流れ防止板。

リーワード [leeward]
　風下、風下側、風下側へ。
→リー、かざしも、ルーアード

リーワード・ボート [leeward boat]
　風下艇。下（しも）艇。
→かざしも

リーワード・マーク [leeward mark]
　風下マーク。ボトム・マーク。

リギン [rigging]
　マストをささえる静索（スタンディング・リギン）と、セールやスピネーカー・ポールなどをコントロールする動索（ランニング・リギン）の総称。特にシュラウドなどの静索を指すことが多い。
→スタンディング・リギン、ランニング・リギン

リギン・アジャスター [rigging adjuster]
→シュラウド・アジャスター

リギン・スクリュー [rigging screw (英)]
→ターンバックル

リグ [rig]
マストやブーム、それを支えるステイ類を含めた一連の艤装、あるいはそのスタイル。帆装。リギンといえば、マストを支えるワイヤー類を指す。リガーといえばそれらを製造、設置、あるいは整備する人。

リコール [recall]
再スタートのために呼び戻す（recall）こと。選手側が早すぎるスタートを切ってしまった場合に取られる措置。レース運営者が出場艇をリコールするわけで、艇側からすると「リコールされた」ことになるのだが、なぜか「リコールした」と誤用することが多い。参加艇が「した」のは早すぎるスタート（over early）である。他の競技ではこれをフライングというが、ヨット・レースではなぜかフライングという言葉を使わない。

リジッド・バング [rigid vang]
ブーム・バングはブームが跳ね上がらないように下に引いてリーチ・テンションを調節するものだが、同時にセールを降ろした時などにブームを支えておく機能をもたせたものをリジッド・バングという。棒材とスプリングなど組み合わせ、ブームを跳ね上げるようにしている。
→ブーム・バング

リフティング・キール [lifting keel]
バラスト・キールを上下動させるもの。ダガーボードにバラストの役割を持たせたものともいえる。
→ダガーボード、バラスト

リフト [lift]
風向の変化で、針路が風上に向かうような振れのこと。
→ふれタック、ヘッダー

リベット [rivet]
頭を潰して接合させる方法。リベットにもいろいろあるが、ヨットで使われるのは心材を特殊な工具で引き抜いて裏側をかしめるポップ・リベット（pop rivet）と呼ばれるものが使われる。マストなど材質が薄くて裏には手が回らないような個所に部品を取り付けるのに向いている。

りょうしょくとう [両色灯]
航海灯のうち、左右の舷灯をひとつにまとめたもの。
→こうかいとう、げんとう

リリース [release]
コントロール・ロープ類を解き放すこと。イーズ（ease）がゆるめる動作であるのに対し、こちらは一気に出す感じ。キャストオフ（cast-off）、ダンプ（dump）ともいう。

りんこう [臨航]
船検の航行区域を臨時に変更した「臨時航行許可証」。臨時航行検査の

ことも臨航というので申請時には注意したい。

る

ルイ・ヴィトン【LOUIS VUITTON】
　フランスの鞄メーカー。ヨット界では、アメリカズ・カップ挑戦者決定シリーズのスポンサーとして有名。大会名は、ルイ・ヴィトン カップ（LOUIS VUITTON cup）。このカップを手にした者だけが、頂上戦アメリカズ・カップに挑戦できる。

ルーアード【leeward】
　風下側の、風下側へ、という意味。日本ではリーワードと発音れることが多いが、海事英語ではルーアードという発音が定着しているという。
→リーワード

ルーズ・カバー【loose cover】
　レース戦術のひとつ。タイト・カバーが、相手にタッキングを強いて逆海面に追いやる意図であるのに対し、ルーズ・カバーは相手が逆海面に逃げないような位置に付くこと。相手艇も自艇と同じ風の中を走ることで、よもや抜かれることがないよう、現在のリードを維持するために行う。
→タイト・カバー

ルーズ・フット【loose foot】
　セーリング・ディンギーやクルージング艇のメインセールは、フットの部分にもボルトロープやスライダーが付いていてブームのグルーブに入れるものが多い。つまりフット部分はブームにくっついている。この部分がフリー（ブームにはタックとクリューの2点で留まっている）になっているのがルーズ・フット。
→フット

ルーバー【louver, louvre】
　通風にのために溝を付けた鎧戸。

ルーム【room】
　間隔、余地、水。ヨット・レースで用いられる定義には時間的な概念も含まれる。
→みず

ルール・チーティング【rule cheating】
　ルールの不備や盲点を利用し、自らを有利に導くこと。脱税ではなく、節税みたいなもの。

れ

レイジー【lazy】
　本来は「怠ける」、「働いていない」という意。レイジー・シートといえば、ダブルシートのスピネーカー艤装で、使われてない側（風上側）のスピネーカーシートをいう。同様に風下側のアフターガイはレイジー・ガイ。これらを単にレイジーと呼び、ガイなのかシートなのかは、その場の帆走状態、あるいは雰囲気で判断する。ジャイビングと同時に、レイジー・ガイはアフターガイとして、

レイジー・シートはスピネーカーシートとして再雇用される。

レイジー・ジャック【lazy jack】

マストの途中からブームに取った細いロープで、降ろしたメインセールを左右から挟むようにしてブームの上にまとめるための艤装。筆者個人的には、トラブルの元にもなるし、何が便利なのかよく分からない。

レイズド・デッキ【raised deck】

外洋クルーザーで、前部のデッキを一段高くしたもの。コーチルーフの幅をデッキ幅まで広げたものともいえる。
→コーチルーフ

レイライン【lay-line】

タッキング、またはジャイビングすることなしに、マークに到達できる針路の線。風上マーク、風下マーク、あるいはスタート・ラインにも存在する。オーバー・レイといえば、レイラインを通り過ぎてしまった状態。これを和製英語でオーバーセールともいう。アンダー・レイといえば、まだ足りない状態。

レーキ【rake】
→マスト・レーキ

レーサー【racer】

競技用のヨットやボートのこと。あるいはそれに乗り込むセーラー。

レーサークルーザー【racer-cruiser】
→クルーザーレーサー

レーザー級【International Laser class】

全長4.23メートルの1人乗りディンギー。オリンピック種目にもなっている。艤装がシンプルで、カートップできることから、日本にも多くの愛好者がいる。

レーシング・ストラテジー
【racing strategy】

レースにおける大局的な作戦のこと。戦略ともいう。そのレースでどのような風が吹いて、どちらのコースが有利か、というような中～長期の判断と行動を意味する。
→レーシング・タクティクス

レーシング・タクティクス
【racing tactics】

レース戦術のことで、主に他艇との駆け引き。また戦略的（strategy）要素として、風向の変化や潮の流れも重要になる。
→タクティシャン

レース・コース【race course】

ヨット・レースのために設定されたコース。インショア・レースでは何個かのブイを、指定された順序で指定された方向に回る。オフショア・レースでは、離島など自然の地形をマークに選ぶことが多い。

レース・コミティー【race committee】

レース委員会。
→レースいいんかい

レース・モード [race mode]

ヨットというのは漫然と乗っていても結構走ってくれるが、より速く、より高く走ろうとすると非常に繊細に操作しなければならない。最大限のパフォーマンスを追及し、ヨット・レースにおいてひとつでも順位を上げようとする真剣な走り方をレース・モードという。一方、レース中でも大時化になると人命を守り、船を壊さずにフィニッシュすることを最優先事項にする（それが結局は高順位につながる場合がよくある）が、そんな時の走りをサバイバル・モードという。対して、花火を見に行ったりするのは、お遊びモード。

レースいいんかい [レース委員会]

ヨット・レースを運営する委員会。レース・コミティー（race committee）。RRSによれば、レース委員会は、主催団体の指示に従い、競技規則で定められている通りにレースを運営しなければならない。

レーダー [radar]

電波の反射で、陸岸、物標、他船などの存在、あるいは方位や距離を測る航海計器。視界不良時、夜間においては第2の目として活躍するほか、目標物からの方位、距離を測定することで船位測定にも用いる。高性能機には、衝突予防システムなどが搭載されている。

レーダー・アーチ [radar arch]

レーダーのスキャナー（回転式送受信アンテナ）などを取り付けるために、船尾やコクピットなどに設ける門形の構造物。

レーダー・トランスポンダー [radar transponder]

→トランスポンダー

レーダー・リフレクター [radar reflector]

他船のレーダー電波を効率よく反射し、相手の受像画面に自船をより鮮明に表示させるもの。ヨットやボートは小型の上、FRPなど電波が反射しにくい材質でできていることが多い。濃い霧に包まれた時などは特に有効。

レーティング [rating]

異なる艇種間で行うヨット・レースで用いる、艇ごとの格付け。IORでは長さの単位で表した。ここからハンディキャップとしての係数を求め、時間修正を行う。IMSは、より複雑な数値で格付けを行っている。

レーティングしょうしょ [レーティング証書]

レーティング値を証明する証書。当然ながらレーティング・ルールごとに異なった書式になっており、それぞれの統括団体から発行される。ワンデザイン級では、そのクラスの

規定に適合することを証明する計測証明書がこれにあたる。

レーティング・ルール [rating rule]

格付けの方法。いろいろな流儀、派閥があり、複雑なものになると時間修正の方法だけでも何通りもあったりするので、すべてひっくるめてハンディキャップ・システムとしている。

レードーム [radome]

レーダーの回転アンテナ（スキャナー）を覆う防水、防塵用のプラスチック製カバー。

レール [rail]

ハル（艇体）とデッキ（甲板）の継ぎ目のあたり。レールに座る（on the rail）といえば、ヒールを潰すためにこの部分に座るという意味。ジブシート・リーダーのトラックもレールといえばレールだが、この上に座るという意味ではないので注意してもらいたい。
→ガンネル、ヒール

レガッタ [regatta]

ボートレース、ヨットレース。レースを含めた行事全体を指すこともある。

レギュラー・ジブ [regular jib]

日常的に使うジブという意味だが、多くはメインセールにオーバーラップしないジブをいう。レース艇では、強風用のナンバースリー・ジブになる。

レグ [leg]

1：レース・コースにおけるマークとマークの間。区切りとなる部分のこと。アップウインド・レグといえば、風下マーク→風上マーク間のコースのこと。5レグのソーセージコースといえば、レグが5つあるという意味で、風下からスタートし、上〜下マークを2周して風上でフィニッシュするコースのこと。

2：タッキングとタッキング、あるいはジャイビングとジャイビングによって区切られた区間。

3：区切りになる区間。港から港までの区間など。

レスキュー・ボート [rescue boat]

救助艇、救難艇。

レッコ [let-go]

解放する、解き放つ、投入する。正しい発音はレッゴー（let go）だが、日本の海事関係者には「レッコ」として定着している。アンカー投入の際は「レッコ・アンカー」。係留索を解き放つ際は「レッコ・オール・ライン」。転じて、ものを捨てること。「余った飲料水はレッコしよう」、「これ、ゴミ箱にレッコしてきて」などと使う。

レピーター [repeater]

表示器。主ユニットから離れた場

所でデータを表示するもの。主にコンパス・レピーター、またはレピーター・コンパスをいう。

レベル・レース【level racing】
　ハンディキャップに上限を設けたクラスによって行う着順勝負のスクラッチレース。そのクラスをレベル・クラスという。

ろ

ローチ【roach】
　セールの縁（ふち）の、ふくらんでいる部分。リーチ側のふくらみはリーチ・ローチ、ラフ側のふくらみはラフローチ、フット側のふくらみはフット・ローチ。ジブのラフやバテンの入っていないセールのリーチで、逆にへこんでいるのはホロー（hollow）という。

ローテーティング・マスト
【rotating mast】
　セールとともに回転するマスト。ローテーション・マスト、回転マストともいう。

ロープ【rope】
　ひも。ロープ、シート（sheet）、ライン（line）、コード（cord）と、ひも類はさまざまに呼び分けられている。英国では綱や縄（cordage）のうち、太いものをロープ、細いものをラインと呼び分けている。米国では太さに関係なく、ロープがなんらかの用途に用いられた瞬間にそれはラインになる。たとえばロープをアンカーに使えばアンカー・ライン、係留用につかえばドック・ライン。セール・トリムに使うのがコントロール・ラインで、シートはその中でも特定の部分に用いる（メインシート、ジブシート、スピネーカーシート）。フォアガイ、アフターガイはガイであってアフターガイ・シートとは呼ばない。また、特に細いものがコードとなるようで、リーチ・コードなどがそれ。

ロープ・クラッチ【rope clutch】
→ジャマー

ローラー・リーフ【roller reefing】
　メインセールをブーム（boom）に巻き付けてリーフ（縮帆）する方式。現在ではジフィ・リーフ（jiffy reefing）が主流になっている。
→リーフ、ジフィ・リーフ

ローリング【rolling】
　船の横揺れ。傾くだけならヒール（heel）で、ローリングは周期をともなう。

ロール【roll】
　1：セールを丸めて収納すること。
　2：体重移動によって船を傾けること。ロール・タックといえば、船をロールさせながらタックすることによって、スピードを落とさないテクニック。ジャイブの際にロールさせるのはロール・ジャイブ。

ロール・オーバー【roll over】
セーリング・クルーザーが転覆すること。完沈（かんちん）。ピッチポールが前のめりなら、こちらは横回転で真っ逆さまになる状態。

ロール・タック【roll tack】
タッキングの際に、体重移動でヨット強制的に傾かせ、艇速を失わないようにするテクニック。

ログ【log】
1：スピードメーター。水中に出した羽根車の回転で航走距離、船速を示す計器。対水スピード計。
2：航海日誌（log book）。記録。
→こうかいにっし

ログブック【logbook】
航海日誌。
→こうかいにっし

ろくぶんぎ【六分儀】
セキスタント（sextant）。天体の高度（水平線との角度）、物標間の角度を測る道具。

ロッキング【rocking】
ヨットを左右に繰り返し揺らすこと。微風時はこれでヨットが前進するので、レースでは禁止されている。

ロッド・リギン【rod rigging】
マストを支えるステイやシュラウドに、ワイヤではなくロッド（無垢の金属棒）を使ったもの。より伸びが少ないという利点がある。

ロラン【Loran】
Long Range Navigation。地上波を使った双曲線航法のひとつ。

ロワー・シュラウド【lower shroud】
マストを支えるシュラウド（サイドステイ）のうち、一番下からとられるもの。

ロング・キール【long keel】
ほぼ船の全長を通じてキールが深くなっている船型。逆に、浅いキールが全長に渡っていると表現した方が分かりやすいかもしれない。

ロング・タッキング【long tacking】
1：タッキング回数を抑えて走ること。
2：いずれかのタックの状態で長く走るレグ。ポート・ロング、スターボ・ロング。
→ショート・タッキング

ロング・レース【long race】
距離の長いヨット・レース。外洋レース。ロングとも略称される。

わ

ワーキング・セール【working sail(s)】
常用セール。軽風用や荒天用でない、基本のセールの組み合わせ。
→レギュラー・ジブ

ワープ【warp】

セール・クロスにおいて、横糸（フィル）に対して、長辺方向に織り込まれた糸。ワープ方向に強度が出るように織り込まれたクロスを、ワープ・オリエンテッドという。
→フィル

ワイヤ・ロープ【wire rope】
ステンレスのワイヤ（針金）を合わせてストランドを作り、それは撚り合わせたもの。
→ストランド

ワイルド・ジャイブ
和製英語で、予期せずジャイブしてしまうこと。正しくは、インボランタリー・ジャイブ（involuntary jibe (gybe (英))。

ワッチ【watch】
→ウォッチ

ワニス【varnish】
ニス。木部に塗る透明な塗料。元は天然素材だったが、現在ではウレタンやエポキシなどが用いられ、紫外線よけの効果もある。

わりピン【割りピン】
→コッター・ピン

ワンオフ【one-off（boat）】
量産されるプロダクション艇に対し、1艇限りで造られた艇。特別注文によって造られた艇。

ワンデザイン・クラス
【one-design class(es)】
同型を保つよう、規格を統一したヨットのクラス。着順で勝負する。

ワンド【wand】
マストヘッドに付く風向・風速計のセンサー（トランスデューサー）用の支柱。セールの影響を受けないように、長い逆J字になり、魔法使いの杖（wand）のようなのでこう呼ばれる。センサーとワンドを含めてマストヘッド・ユニットという。

ワンポン
メインセールのリーフの第一段階。1ポイント・リーフの略。さらに縮めてワンポともいう人もいる。
→リーフ

ビューフォート階級

風力階級	地上10mの平均風速 (m/s)	名称	海上	陸上
0	0～0.2	平穏 Calm	鏡のような海面。	静穏。煙はまっすぐに昇る。
1	0.3～1.5	至軽風 Light Air	うろこのような小さな波ができるが、波頭に泡はない。	風向は煙のなびくのでわかるが、風見では分からない。
2	1.6～3.3	軽風 Light Breeze	小波の小さいもので、まだ短いがはっきりしてくる。波頭はなめらかに見え、砕けていない。	顔に風を感じ、木の葉が動く。風見も動き出す。
3	3.4～5.4	軟風 Gentle Breeze	波頭が砕け始める。ところどころ白波が現れる。	木の葉や細かい小枝が絶えず動き、軽い旗が開く。
4	5.5～7.9	和風 Moderate Breeze	小さい波ができる。波長はやや長い。白波がかなり多くなる。	砂ほこりが立ち、紙片が舞い上がる。小枝が動く。
5	8.0～10.7	疾風 Fresh Breeze	中くらいの波ができ、波長ははっきりして長くなる。白波がたくさん現れる。	葉のある灌木が揺れ始め、池や沼の水面に波頭が立つ。
6	10.8～13.8	雄風 Strong Breeze	大きい波ができ始め、波頭の白く泡立つ範囲が広くなる。しぶきを生ずることが多い。	大枝が動き、電線が鳴る。傘はさしにくい。
7	13.9～17.1	強風 Near Gale	海は盛り上がり、砕けた波から立つ白い泡は筋をひいて風下に吹き流され始める。	樹木全体が揺れ、風に向かっては歩きにくい。
8	17.2～20.7	疾強風 Gale	波長の長い大きい波になる。波頭は砕けてしぶきとなり、泡は風下に吹き流される。	小枝が折れ、風に向かっては歩けない。
9	20.8～24.4	大強風 Strong Gale	大波になり、泡は濃い筋をひいて風下に吹き流される。しぶきのために視程が損なわれることもある。	人家に軽い被害が生じる。瓦がはがれる。
10	24.5～28.4	全強風 Storm	波頭が長く前にかぶさるような非常に高い大波。海面は全面として見え、泡は激しく衝撃的に崩れる。視程は損なわれる。	樹木が根こそぎになり、多くの建物に被害が発生する。
11	28.5～32.6	暴風 Violent Storm	山のように高い大波になり、海面は風下に吹き流された長い白色の泡のかたまりで完全に覆われる。	広い範囲の建物に被害が発生する。
12	32.7～	颶風 Hurricane	空中に泡としぶきが充満する。海面はしぶきのために完全に白くなる。視程は著しく損なわれる。	定義なし

筆者注：風の分類として、英語では大きさbreeze、gale、storm、さらに細かくに分け、暴風の間が無理矢理考えたような名称になっているところが面白い。実際には風力5 (20ノット、10m/s) で「強風」と呼ばれている。

船体各部の名称（1）

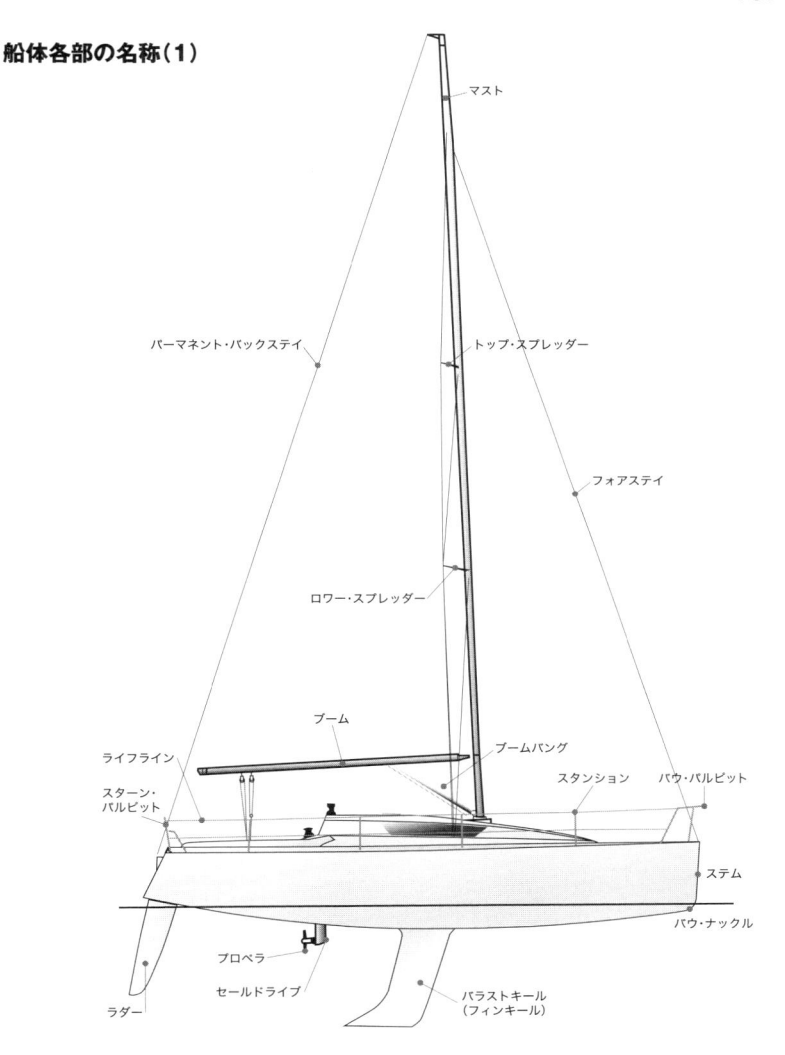

- マスト
- パーマネント・バックステイ
- トップ・スプレッダー
- フォアステイ
- ロワー・スプレッダー
- ブーム
- ブームバング
- ライフライン
- スタンション
- バウ・パルピット
- スターン・パルピット
- ステム
- バウ・ナックル
- プロペラ
- セールドライブ
- バラストキール（フィンキール）
- ラダー

船体各部の名称（2）

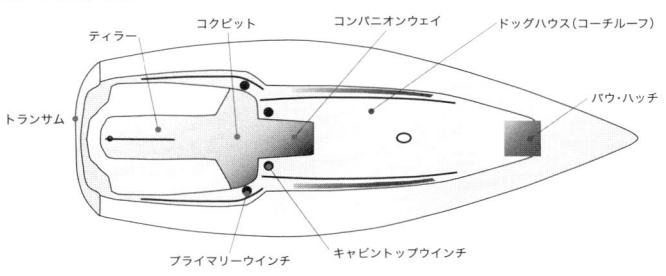

- ティラー
- コクピット
- コンパニオンウェイ
- ドッグハウス（コーチルーフ）
- バウ・ハッチ
- トランサム
- プライマリーウインチ
- キャビントップウインチ

セール各部の名称（メインセール）

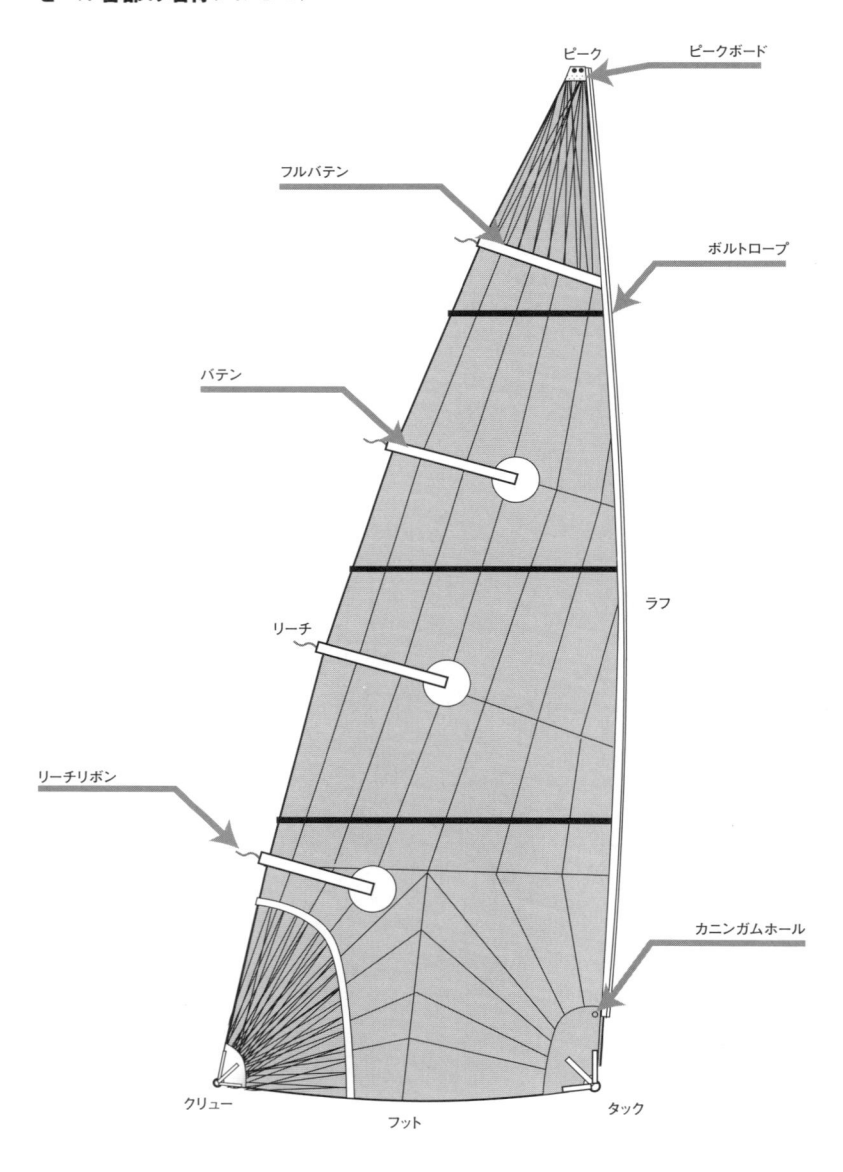

- ピーク
- ピークボード
- フルバテン
- ボルトロープ
- バテン
- ラフ
- リーチ
- リーチリボン
- カニンガムホール
- クリュー
- フット
- タック

I、J、P、Eの計測範囲

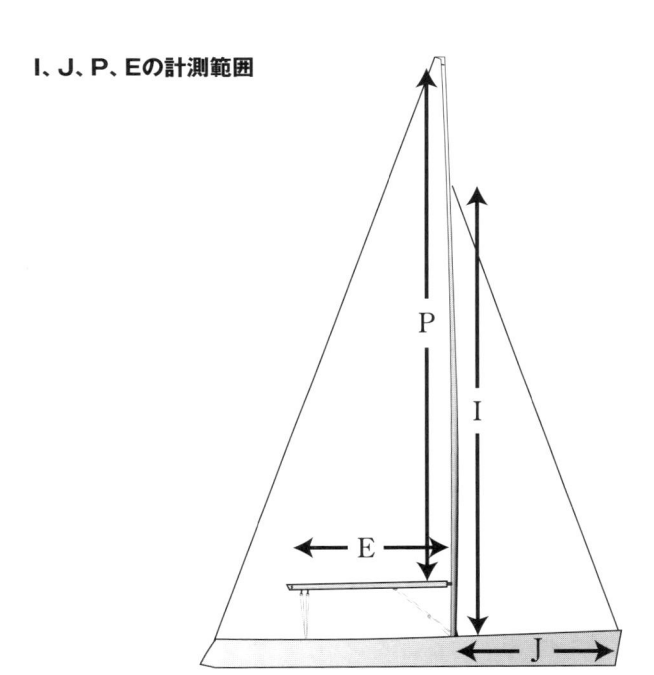

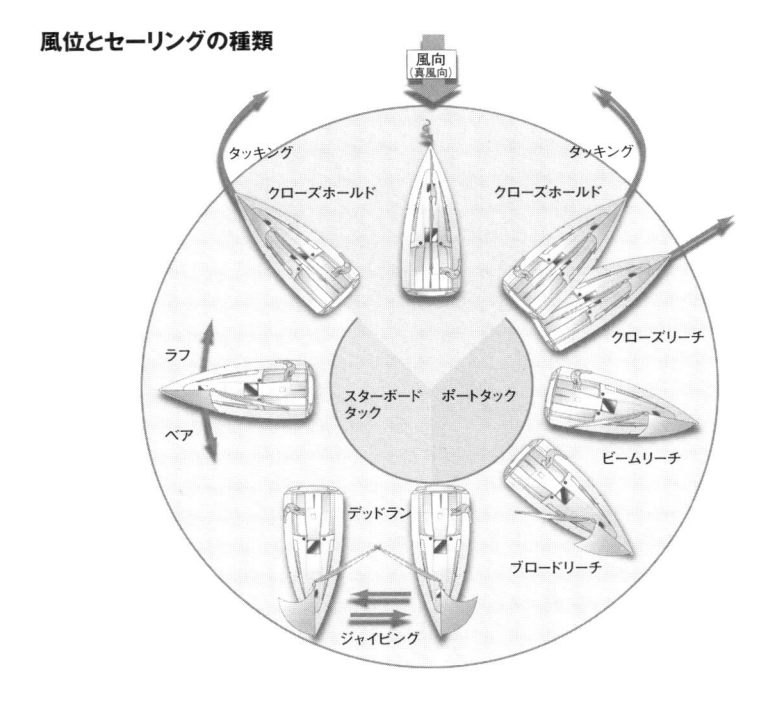

風位とセーリングの種類

あとがき

　本書執筆にあたり、今まで自分がヨット雑誌に書いてきた原稿で、あるいはヨットの上で使っていた用語に、数々の誤りがあることが分かり、赤面の至りであります。

　でも、言葉は生きています。なんらかの言葉が、ある集団の中で共通に用いられていれば、その用法は間違いとはいえないのではないか、とも思います。

　本書の記述にも「いや、そうは言わないよ」という部分があるかもしれません。あるいは、「自分たちではこう言っている」というような用語もあるでしょう。是非とも、お便りください。面白いものがあれば、次版で加えていきたいと思います。

　最後に、本書執筆にあたり『ヨット、モーターボート用語辞典』(舵社刊)をいたるところで参考にさせていただきました。同書編纂委員の皆様、そして執筆の中心になられた故・野本謙作氏に敬意を表し、改めて御礼申し上げます。

■高槻和宏(たかつきかずひろ):1955年生まれ。東海大学海洋学部船舶工学科卒。ヨットの修理会社、セールメーカーでのアルバイトを経て、ヨットの回航やレース運営などを行う(株)海童社を設立。太平洋一円にわたる長距離回航も多く経験し、ニュージーランドに係留した自艇での長期クルージングを行う一方で、レース艇〈エスメラルダ〉に乗り組み、国内および米国でのレガッタを転戦している。現在は昭和企画代表。著書に『クルーワーク虎の巻』(舵社)など。http://showak.com。

(株)舵社　編集部
〒105-0013　東京都港区浜松町1-2-17
Tel: 03-3434-5342　Fax: 03-3434-5184